线性系统的迭代解法及预处理技术

白玉琴　著

北　京
冶金工业出版社
2022

内 容 提 要

本书主要介绍了用几类分裂迭代法去求解一些特殊结构的线性系统，如分数阶扩散方程、带位移线性系统、鞍点问题以及线性互补问题，并且在主要理论结果的后面都给出了具体的数值实验，来验证分裂法的有效性。

本书可供数值代数领域的研究人员阅读，也可供数学专业及相关专业高年级本科生、研究生参考。

图书在版编目(CIP)数据

线性系统的迭代解法及预处理技术/白玉琴著．—北京：冶金工业出版社，2020.10（2022.2 重印）

ISBN 978-7-5024-6794-4

Ⅰ．①线…　Ⅱ．①白…　Ⅲ．①线性代数计算法—迭代法　②线性代数计算法—预处理　Ⅳ．①O241.6

中国版本图书馆 CIP 数据核字(2020)第 196899 号

线性系统的迭代解法及预处理技术

出版发行	冶金工业出版社	**电　话**	(010)64027926
地　址	北京市东城区嵩祝院北巷 39 号	**邮　编**	100009
网　址	www.mip1953.com	**电子信箱**	service@mip1953.com

责任编辑　王　双　美术编辑　郑小利　版式设计　禹　蕊
责任校对　王永欣　责任印制　禹　蕊

北京建宏印刷有限公司印刷
2020 年 10 月第 1 版，2022 年 2 月第 3 次印刷
710mm×1000mm　1/16；6.75 印张；130 千字；100 页

定价 54.00 元

投稿电话　(010)64027932　投稿信箱　tougao@cnmip.com.cn
营销中心电话　(010)64044283
冶金工业出版社天猫旗舰店　yjgycbs.tmall.com
(本书如有印装质量问题，本社营销中心负责退换)

前　　言

在科学工程计算的诸多领域中，有很多问题都归结于线性代数方程组的求解。研究大规模稀疏线性代数系统的求解方法，已经成为科学与工程大规模计算中的核心问题之一，具有重要的理论意义和实际的应用价值。本书对求解大规模稀疏线性代数方程组的一些迭代解法进行了深入研究，特别是用矩阵分裂方法求解一些特殊结构的线性系统，如分数阶扩散方程、带位移线性系统、鞍点问题以及线性互补问题，并对算法的收敛性进行了分析和讨论。全书共 7 章，主要内容包括如下 5 个部分：

第一部分，讨论用广义修正 Hermitian 和 skew–Hermitian 分裂迭代法（GMHSS）求解复对称线性系统。首先，通过对 MHSS 迭代法进行推广，提出了广义修正 Hermitian 和 skew–Hermitian 分裂迭代法 (GMHSS)，并建立了 GMHSS 分裂迭代法的收敛性理论。然后，通过数值实验验证所提出迭代算法的有效性。

第二部分，研究用带有转移 Grunwald 格式的隐式有限差分法来离散化带有常数项系数的分数阶对流–弥散方程。由于所得线性系统的系数矩阵是正定矩阵，并且具有 Toeplitz–like 结构，为此用 Hermitian 和 skew–Hermitian 分裂法来求解此具有 Toeplitz–like 特殊结构的线性系统。在 Hermitian 和 skew–Hermitian 分裂迭代法中，需要求解两个线性子系统。这里利用 Krylov 子空间法来求解每一个线性子系统，并利用快速傅里叶变换（FFTs）来降低迭代过程中的矩阵–向量乘的计算量；同时，在用 Krylov 子空间法求解线性子系统时，可以利用如 Strang's 和 T. Chan's 预条件矩阵作为循环预处理子来加速 Krylov 子空间迭代法求解线性子系统的收敛速度。对算法的收敛性进行理论分析并给出预条件矩阵谱的性质，进而得出所提迭代法的超线性收敛性。

第三部分，讨论关于求解带位移线性系统序列的预处理更新技术问题，并提出一种新的修正策略来更新预条件件矩阵。这种预处理技术是基于矩阵 $\boldsymbol{A}$ 的 LDU 分解，根据位移参数 α 的不同取值而得到新的带位移线性系统中系数矩阵 $\boldsymbol{A}+\alpha\boldsymbol{I}$ 所对应的预处理子，并进一步讨论所提预条件子的性质以及预条件矩阵谱的限的问题。该技术推广了预处理子的更新技术。数值实验表明，当位移参数 α 在一个比较大的范围内取值时，所提出的更新预处理子技术是可行有效的。

第四部分，基于基模矩阵分裂迭代法，研究如何加速基模矩阵分裂迭代法。我们将其变形形式作为内迭代法，来近似地求解线性互补问题，并且具体给出所提新方法的不精确迭代过程。特别地，当系数矩阵为正定矩阵和 $\boldsymbol{H}_+$-矩阵时，进而分析了所提新方法的收敛性及其性质。通过数值实验，验证了所提出的新方法在适当条件下比基模矩阵分裂迭代法具有较少的迭代步数和 CPU，表明对于求解线性互补问题，本书所提方法更加可行有效。

第五部分，讨论关于鞍点问题的求解。首先提出一种快速有效的分裂法即广义 Uzawa–SOR 迭代法，该方法推广了 USOR 迭代法。进而分析新迭代法对应迭代矩阵的特征值和特征向量的性质，并给出当参数在一定范围内取值时，广义 Uzawa–SOR 迭代法的收敛性结果。数值实验表明，所提出的迭代法有效地加快了 USOR 迭代法的收敛速度。

本书的特点是系统透彻的分析、严谨的理论证明，对线性系统的迭代解法及预处理技术的发展和完善具有重要的理论意义。

西北民族大学数学与计算机科学学院领导在本书著作过程中给予了大力支持，借此对他们致以感谢。同时，感谢西北民族大学智能计算机与动力系统分析及其应用创新团队对本书出版的资助，感谢给本书提供建议的老师们和同事们。

由于作者水平有限，书中不足之处，敬请广大读者批评指正。

作　者

2020 年 7 月

目　录

1 绪　论

1.1 研究问题和背景

科学和工程计算这一交叉学科兴起于 20 世纪后半叶，它的兴起在科学研究中是一个重大的进步，并得到了大力发展 [1-5]。该学科的发展极大地拓广并发展了传统的计算数学学科，并与众多的工程科学以及计算机科学等领域有着密不可分的联系，其中计算数学是科学和工程计算的重要分支。

计算机科学技术发展到今天，计算数学的地位显得尤为重要，成为用计算机来处理实际问题的重要手段，而处理科学及工程计算的问题，则需要计算数学中的数值计算方法来解决 [6-18]。计算数学中的重要研究课题之一就是对大规模稀疏线性代数系统的有效求解方法的研究，因为许多重要的科学和工程领域中，例如结构力学、计算流体力学、电磁场计算、材料模拟与设计、生命科学、空气动力学、系统科学、医学、天文学、金融工程、社会科学以及其他软科学，都离不开微分方程或积分方程的数值求解。

针对不同的实际问题，对应的线性偏微分方程或积分方程由于方程本身具有一定的复杂性，因此这些方程一般很难求出其解析解，而数值方法则是解决这一问题的桥梁和工具。计算数学中常用的数值计算方法，如有限元、有限差分、有限体积、矩量法或无网格等离散化方法，被科学家们纷纷研究出来，解决了众多的计算难题 [15,19-24]，这些计算方法最终都转化为求解一个或一组大规模线性代数方程组的问题。

随着计算机数值模拟能力的巨大进步，存储量以及计算速度的不断提高，可求解的线性系统的规模也在不断扩大。但是在不同条件下，针对不同问题采用不同的离散方法所产生的方程组形态各异 [25,26]，并且随着人们对计算精度要求的不断提高，求解大规模线性方程组日益成为科学计算中面临的一个突出问题，成为快速计算的瓶颈。尽管计算机技术发展飞速，但在一些实际应用问题中，求解线性方程组所需的时间在整个计算过程中往往占很大比例，有的甚至高达 80%，因此研究高效稳定地快速求解大规模线性系统的方法显得极为重要，有待于进一步研究。

在实际应用和工程计算中，求解线性方程组的方法一般可分为两种：一种是直接法，另一种是迭代法。直接法的研究主要集中在 20 世纪六七十年代。直接法一般基于通过对系数矩阵进行各种变换，如 Gauss 消元、Chlesky 分解、QR 分解或利用分解技术对稀疏矩阵进行各种巧妙变型 [27,28]，使得原线性系统化为容易求解的三角或三对角等形式，最后通过回代或追赶等方法得出原系统的解。在实际应用中，直接法具有高精确性、稳定性和可操控性等特点，可以精确地求解任何非奇异线性系统，在很长一段时间内受到人们的青睐，并广泛应用于大规模稀疏线性系统的求解。如源于电路学、电力网络系统、结构工程学、化学模型系统及二维模拟系统等大型稀疏线性方程组 [29-36]。然而，随着方程组规模的不断增大，用直接法求解过程中，需要足够大的存储空间，花费的时间也急剧增大，远远超出人们所能接受的范围。因此，迭代法对于大型稀疏（或稠密）线性代数系统的求解变得至关重要，逐渐成为科学计算领域中的一个研究热点问题，并在许多科学领域中得到广泛应用。

随着高性能迭代解法的出现，迭代法已成为国内外众多学者的研究热点。人们开始探索和研究如何在计算机上实现线性方程组的迭代求解，进而派生出许多高效快速的迭代方法。迭代法大致分为两大类：一类是定常迭代法 [23,37,38]，一类是非定常迭代法。定常迭代法的基本思想主要是基于矩阵分裂所发展出的迭代法。常见的定常迭代法包括 Jacobi 方法、Gauss–Seidel 方法、SOR 方法、AOR 方法、SSOR 方法等，以及对于这些经典迭代方法的修正和加速。鉴于定常迭代法具有形式简单、易于计算机操作等特点，因此受到了许多科研工作者和工程人员的青睐，并对这些方法进行了深入的研究和发展，将其作为预条件子，并结合其他迭代方法（如 Krylov 子空间方法）来加速大型稀疏（或稠密）线性方程组的求解。

然而，随着科学技术的迅速发展以及所需求解问题的规模日益增大，定常迭代法求解的低效率已经不能满足科学计算的需要，因此已经很少在方程组的求解中被单独使用。后来，Young 提出了非定常迭代法（nonstationary iterative method）的定义及基本概念。非定常 Richardson 迭代法是第一个非定常迭代法，并由此方法直接扩展到最速下降法、Chebyshev 半迭代法、预条件共轭梯度（preconditioned conjugate gradien，PCG）方法和广义共轭梯度（generalized cg，GCG）方法等。

非定常迭代法的发展主要分为两个方向的发展。一种是当今主要研究的以 CG 方法为典型代表的 Krylov 子空间迭代法，另一种是基于矩阵分裂的分裂迭代法，常用的方法有非定常 Richardson 迭代法、内外迭代法以及非定常多分裂迭代法等。在实际应用中，CG、MINRES、GMRES、BiCGStab 等 Krylov 子空间非定常迭代法被广泛地应用。众所周知，迭代法的收敛速度与方程组系数矩阵的性质有关，特别是系数矩阵的谱分布。具体地，对于定常迭代法而言，当迭代矩阵的谱半径 $\rho(A)$ 越小，迭代法的收敛速度也就越快。特别地，当谱半径 $\rho(A) \geqslant 1$ 时，对应的迭代法不收敛。

对于以 CG 方法为代表的 Krylov 子空间非定常迭代法而言，迭代法的收敛速度依然与系数矩阵的谱分布有关。当迭代矩阵特征值的分布越集中，迭代法的收敛速度就越快 [39-43]，当谱分布比较分散时，一般情况下非定常迭代法的收敛速度趋于缓慢，有时不收敛。对于这种情况，可以对系数矩阵采用预处理技术，使得迭代矩阵的谱半径趋于聚集，是解决谱分布分散的有效途径，也是加速迭代法收敛速度的有效办法。

预处理一词最早可能是在 1948 年由 Turing [44] 提出来的，但把预处理技术和迭代法联系起来的思想最早是由 Evans [45] 提出的，根据不同的问题以及系数矩阵的特性，从而得出相适应的预条件迭代法 [46]。

设线性系统

$$\boldsymbol{A}x = b$$

这里 x, b 分别属于 $\mathbb{R}^n$ 集，对该系统进行预处理，实际上也就是将其转换为其同解的线性系统，并且转换后的线性系统具有非常好的性质，有利于迭代法的加速收敛，而预条件子就是形成这种转换的矩阵。

设矩阵 $\boldsymbol{M}$ 是矩阵 $\boldsymbol{A}^{-1}$ 的较好逼近，则预处理后的系统为：

$$\boldsymbol{M}^{-1}\boldsymbol{A}x = \boldsymbol{M}^{-1}b$$

与线性系统 $\boldsymbol{A}x = b$ 同解，但由于预处理后的系统更容易求解，这里称矩阵 $\boldsymbol{M}$ 为预条件子。

同样，对线性系统 $\boldsymbol{A}x = b$ 也可以进行左预处理或右预处理，如：

$$\boldsymbol{A}\boldsymbol{M}^{-1}y = b, \quad x = \boldsymbol{M}^{-1}y$$

也可以左右同时进行预处理，如：

$$\boldsymbol{M}_1^{-1}\boldsymbol{A}\boldsymbol{M}_2^{-1}y = \boldsymbol{M}_1^{-1}b, \quad x = \boldsymbol{M}_2^{-1}y$$

这里的预条件子为 $\boldsymbol{M} = \boldsymbol{M}_1\boldsymbol{M}_2$。

通常情况下，可从下面几个方面来检验预处理子的可行性和有效性：

(1) 预处理子应该比较好地逼近系数矩阵的逆矩阵；

(2) 预处理后的线性系统应该比原线性系统更容易求解;

(3) 预处理子应该容易构造且花费不太大。

一般情况，$\boldsymbol{M}$ 越逼近，即 $\boldsymbol{M}^{-1}\boldsymbol{A} \approx \boldsymbol{I}$，则预处理子越有效，即预处理后的线性系统更容易求解。

本书主要针对求解几类特殊线性系统的相关迭代法进行研究，以研究迭代法及预处理技术为目的，对迭代法及预处理技术的相关特性进行分析讨论，并对迭代法及预处理技术的有效性和可行性进行数值验证。下面，将对本书所涉及相关内容的研究现状作一简单介绍。

1.2 研究现状

1.2.1 Hermitian 和 skew–Hermitian 分裂迭代法

考虑如下稀疏型线性系统

$$\boldsymbol{A}x = b, \qquad x, b \in \mathbb{C}^n \tag{1.2.1}$$

这里 $\boldsymbol{A} = (a_{i,j}) \in \mathbb{C}^{n\times n}$ 是大型稀疏非 Hermitian 正定矩阵。

由于矩阵 $\boldsymbol{A}$ 自然存在 Hermitian 和 skew-Hermitian 分裂（HSS），即:

$$\boldsymbol{A} = \boldsymbol{H} + \boldsymbol{S}$$

其中

$$\boldsymbol{H} = \frac{1}{2}(\boldsymbol{A} + \boldsymbol{A}^*), \qquad \boldsymbol{S} = \frac{1}{2}(\boldsymbol{A} - \boldsymbol{A}^*)$$

这里 H 是 A 的 Hermitian 部分; S 是 A 的 skew-Hermitian 部分。在 2003 年，Bai 等人 [47] 针对非 Hermitian 正定线性方程组首次提出用 HSS 迭代法求解线性系统，并给出了最优参数因子，具体算法如下:

算法 1.2.1（HSS 迭代法） 对于任意给定的一个初始值 x_0，当 $k = 0, 1, \cdots$，直到序列 x_k 收敛，计算

$$\begin{cases} (\boldsymbol{H} + \alpha\boldsymbol{I})x_{k+\frac{1}{2}} = (\alpha\boldsymbol{I} - \boldsymbol{S})x_k + b \\ (\boldsymbol{S} + \alpha\boldsymbol{I})x_{k+1} = (\alpha\boldsymbol{I} - \boldsymbol{H})x_{k+\frac{1}{2}} + b \end{cases} \tag{1.2.2}$$

其中 α 为任意给定正常数; $\boldsymbol{I}$ 为单位矩阵; x_k 为第 k 步迭代解。

其主要思想是基于系数矩阵的 Hermitian 和 skew–Hermitian 分裂（HSS）并结合经典的交替方向迭代技术（ADI）[48]。理论分析证明，对于任意给定正常数 α 以

及任意初始值 x_0，HSS 迭代法都无条件收敛于式 (1.2.1) 唯一的解，并且当 α 取最优参数情况下，HSS 迭代法和 CG 方法收敛因子的上界相同。最后还证明了对任意的正数 α，HSS 迭代法都无条件收敛于线性系统唯一的解。当 α 取最优参数因子时，对应的 HSS 迭代法中迭代矩阵的谱半径最小，但要得到 α 更精确的最优取值，这并不容易做到。

为了加快 Hermitian 和 skew–Hermitian 分裂迭代法的收敛速度并将其一般化，Bai 等人 [49] 进而提出了正规/skew–Hermitian 分裂迭代法（NSS）。即将矩阵 $\boldsymbol{A}$ 分裂为 $\boldsymbol{A}=\boldsymbol{N}+\boldsymbol{S}$，其中，矩阵 $\boldsymbol{N}$ 是正规矩阵，矩阵 $\boldsymbol{S}$ 是 skew-Hermitian 矩阵。进一步，Bai 等人 [50] 提出了正定/skew–Hermitian 分裂迭代法（PSS）。当用 HSS 迭代法求解线性系统时，由于其迭代过程需要精确求解系数矩阵分别为 $\boldsymbol{H}+\alpha\boldsymbol{I}$ 和 $\boldsymbol{S}+\alpha\boldsymbol{I}$ 的两个线性子系统，为了避免这一问题，Bai 等人 [51] 提出了不精确 Hermitian 和 skew-Hermitian 迭代法（IHSS）。并进一步证明了随着外循环迭代步数的增加，当内迭代的误差趋于零时，IHSS 迭代法是渐进收敛于 HSS 迭代法。近来，Bai [52] 将 HSS 迭代法用于求解奇异非 Hermitian 半正定线性系统，并分析了迭代法收敛的充分必要条件。后来，Benzi 和 Golub [53] 提出利用 HSS 迭代法作为 Krylov 子空间法的预条件矩阵来求解鞍点问题，以及 Simoncini 等人 [54] 分析了当矩阵 $\boldsymbol{A}$ 是 Hermitian 半正定矩阵时预条件矩阵谱的性质。当 $\boldsymbol{A}$ 是非 Hermitian 矩阵时，Pan 等人 [55] 详细讨论了预条件矩阵谱的性质。

当矩阵 $\boldsymbol{A}=(a_{ij})\in\mathcal{C}^{n\times n}$ 是一复对称矩阵，即 $\boldsymbol{A}=\boldsymbol{W}+i\boldsymbol{T}$（$\boldsymbol{W}$，$\boldsymbol{T}$ 是实对称矩阵，这里 $\boldsymbol{W}$ 是正定矩阵，$\boldsymbol{T}$ 是半正定矩阵），从而 $\boldsymbol{A}$ 的 Hermitian 和 skew-Hermitian 部分就是矩阵 $\boldsymbol{H}=\boldsymbol{W}$ 和 $\boldsymbol{S}=i\boldsymbol{T}$，则 HSS 迭代法就变为：

$$\begin{cases}(\alpha\boldsymbol{I}+\boldsymbol{W})x_{k+\frac{1}{2}}=(\alpha\boldsymbol{I}-i\boldsymbol{T})x_k+b\\(\alpha\boldsymbol{I}+i\boldsymbol{T})x_{k+1}=(\alpha\boldsymbol{I}-\boldsymbol{W})x_{k+\frac{1}{2}}+b\end{cases}\tag{1.2.3}$$

为了避免复数运算，Bai 等人 [56] 巧妙地修改了上述 HSS 迭代格式，并提出了以下修正 Hermitian 和 skew-Hermitian 分裂迭代法（MHSS）：

$$\begin{cases}(\alpha\boldsymbol{I}+\boldsymbol{W})x_{k+\frac{1}{2}}=(\alpha\boldsymbol{I}-i\boldsymbol{T})x_k+b\\(\alpha\boldsymbol{I}+\boldsymbol{T})x_{k+1}=(\alpha\boldsymbol{I}+i\boldsymbol{W})x_{k+\frac{1}{2}}-ib\end{cases}\tag{1.2.4}$$

其中 α 为任意给定正常数；$\boldsymbol{I}$ 为单位矩阵。

Bai 等人 [56] 还证明了对于任意给定正常数 α 以及任意初始值 x_0，MHSS 迭代法都无条件收敛于复线性系统 (1.2.4) 唯一的解。他们指出，当参数 $\alpha=\sqrt{\gamma_{\min}\gamma_{\max}}$ 时，MHSS 迭代法的迭代矩阵谱半径的上界最小化，并且上界的最小值

为 $\dfrac{\sqrt{\kappa(\boldsymbol{W})}+1}{\sqrt{\kappa(\boldsymbol{W})}+1}$，这里 $\gamma_{\max}$ 和 $\gamma_{\min}$ 分别表示矩阵 $\boldsymbol{W}$ 的最大和最小特征值，$\kappa(\boldsymbol{W})$ 表示矩阵 $\boldsymbol{W}$ 的谱条件数。当矩阵 $\boldsymbol{W}$ 和矩阵 $\boldsymbol{T}$ 是非对称实矩阵时，Guo 等人 [57] 证明了对于任意给定正常数 α 以及任意初始值 x_0，MHSS 迭代法仍然无条件收敛于复线性系统 (1.2.4) 唯一的解。

HSS 迭代法还广泛用于求解矩阵方程。当系数矩阵为非 Hermitian 正定或半正定矩阵时，Bai [58] 进而讨论了用 HSS 分裂迭代法求解大型稀疏连续 Sylvester 方程，证明了 HSS 迭代法的无条件收敛性，并推导给出收敛速率的上界。后来，PSS 迭代法 [50] 以及 NSS 迭代法 [59] 也被用于求解连续 Sylvester 方程 [60,61]。

在最近的十几年里，分数阶微分方程的研究引起了学者们的广泛关注。分数阶微分方程的理论在实际应用中也得到了广泛使用，如在化学、物理、系统生物、水文、混沌系统、信号处理、控制系统及其金融市场等领域的应用。通过对分数阶微积分方程性质的研究，从而得到一系列分数阶微分方程。鉴于分数阶微分方程自身的一些特点，要得到分数阶方程的数值解常常会遇到许多困难和问题。

由于分数阶扩散方程自身的一些显著特点，因此在求解分数阶扩散方程过程中常常会遇到许多新的困难和问题。特别地，当用 Grunwald 移位离散算子 [62-65] 来近似分数阶扩散方程时，所得的线性系统可以写成一系列对角矩阵乘以 Toeplitz 矩阵和的形式。对于这种具有特殊结构的线性系统，已有一些快速的数值算法来求解 [66-69]。容易发现，该类线性系统也是非 Hermitian 正定线性系统，因此，自然也可以调用 Hermitian/skew–Hermitian 分裂迭代法来求解此带有 Toeplitz–like 特殊结构的线性系统。

1.2.2　带位移线性系统

考虑形如

$$(\boldsymbol{A}+\alpha\boldsymbol{I})x=b \tag{1.2.5}$$

的带位移线性系统，其中矩阵 $\boldsymbol{A}\in\boldsymbol{R}^{n\times n}$ 是一个非奇异稀疏矩阵；$\boldsymbol{I}\in\boldsymbol{R}^{n\times n}$ 表示单位矩阵；位移参数 $\alpha>0$。

这样的带位移线性序列系统来自于各种广泛的应用，如计算流体动力学、结构力学和非线性优化等。带位移线性系统的求解是许多工程应用中的主要瓶颈。例如，计算器需要有强大有效的预处理，其中构造系数矩阵的预处理矩阵是一种有效的预处理方式。

系数矩阵 $\boldsymbol{A}+\alpha\boldsymbol{I}$ 的性态随着位移参数 α 的不同取值而变换。当位移参数 α 取值比较小时，如果重复使用相同的预条件矩阵来加速带位移线性系统的求解可能会比较有效，但当 α 取值增大时，这时再用相同的预条件矩阵可能就不适当了。另一方面，无论位移参数 α 的取值大小，可以对每一线性系统都单独计算系统所对应的预处理子来加速系统的求解，但整个计算过程要占用大量的内存，耗费惊人的 CPU 资源，尽管 α 取值较大时，$\boldsymbol{A}+\alpha\boldsymbol{I}$ 的谱性质很好。因此，在求解后面的线性系统时，希望通过更新前面系统的种子预处理子的信息而得到新系统的预处理子，从而降低带位移线性系统求解的计算量。

将矩阵 $\boldsymbol{A}$ 的分解作为种子预条件子，并通过修正种子预条件子来构造新的预条件子，这种预处理技术深受广大学者的关注 [70-75]。如文献 [70,75] 中详细讨论了形如式 (1.2.5) 的带位移线性系统，Bertaccini 等人 [71] 讨论了当系数矩阵 $\boldsymbol{A}$ 为复矩阵时带位移线性系统的情形，以及当矩阵 $\boldsymbol{A}$ 为非对称矩阵时也有许多学者对此情形进行了详细讨论 [72-74]。其中，这些算法都是基于矩阵 $\boldsymbol{A}$ 或 $\boldsymbol{A}^{-1}$ 的不完全分解来更新预处理矩阵。以 $\boldsymbol{A}$ 的 $\boldsymbol{LU}$ 分解作为种子预处理子，当系数矩阵变化缓慢时，通过稀疏近似逆技术修正矩阵 $\boldsymbol{L}$ 和矩阵 $\boldsymbol{U}$ 的元素而得到新的预处理子 [72]，但是这种算法没有考虑矩阵为对称矩阵时的情形。

还有一种构造预处理子的方法，即将矩阵 $\boldsymbol{A}$ 的 $\boldsymbol{LDL}^{\mathrm{T}}$ 分解作为种子预处理子 $\boldsymbol{P}$ 或者以 $\boldsymbol{P}^{-1}=\boldsymbol{L}^{-\mathrm{T}}\boldsymbol{D}\boldsymbol{L}^{-1}$ 为种子预处理子 [70-74]，矩阵 $\boldsymbol{L}$ 的元素保持不变，通过对对角矩阵 $\boldsymbol{D}$ 元素的修正来更新预处理子。特别地，利用稳定的 AINV 预处理子 [76]，可得矩阵 $\boldsymbol{A}$ 的近似逆 [70,71]：

$$\boldsymbol{M}=\boldsymbol{Z}\boldsymbol{D}^{-1}\boldsymbol{Z}^{\mathrm{T}}\simeq\boldsymbol{A}^{-1}$$

这里 $\boldsymbol{Z}$ 为单位上三角矩阵。则有：

$$(\boldsymbol{A}+\alpha\boldsymbol{I})^{-1}\simeq\boldsymbol{Z}(\boldsymbol{D}+\alpha\boldsymbol{Z}^{\mathrm{T}}\boldsymbol{Z})^{-1}\boldsymbol{Z}^{\mathrm{T}}$$

从而得出 $\boldsymbol{A}+\alpha\boldsymbol{I}$ 的预条件子为：

$$(\boldsymbol{P}_{\alpha})^{-1}=\boldsymbol{Z}(\boldsymbol{D}+\alpha\boldsymbol{H})^{-1}\boldsymbol{Z}^{\mathrm{T}}$$

这里 $\boldsymbol{H}$ 是 $\boldsymbol{Z}^{\mathrm{T}}\boldsymbol{Z}$ 的对称近似。

近来，当 $\boldsymbol{A}$ 为对称矩阵时，将 $\boldsymbol{A}$ 的 $\boldsymbol{LDL}^{\mathrm{T}}$ 分解作为种子预处理子 [1]，通过修正 $\boldsymbol{L}$ 的非零元来更新预处理子 $\boldsymbol{P}_{\alpha}$。假设：

$$\boldsymbol{P}_{\alpha}=(\boldsymbol{L}+\boldsymbol{G})\boldsymbol{D}(\boldsymbol{L}+\boldsymbol{G})^{\mathrm{T}}\simeq\boldsymbol{A}^{-1}$$

这里 $\boldsymbol{G}$ 为两个矩阵的和：

$$\boldsymbol{G} = \boldsymbol{E} + \boldsymbol{F}$$

其中，$\boldsymbol{E}$ 和 $\boldsymbol{F}$ 分别为对角矩阵和严格下三角矩阵。

令

$$\|\boldsymbol{P}_\alpha - (\boldsymbol{A} + \alpha\boldsymbol{I})\| \to 0$$

从而得出矩阵 $\boldsymbol{E}$ 和矩阵 $\boldsymbol{F}$ 中元素的取值，以及矩阵 $\boldsymbol{A} + \alpha\boldsymbol{I}$ 的更新预处理子 $\boldsymbol{P}_\alpha$。最后分析了 $\|\boldsymbol{P}_\alpha - (\boldsymbol{A} + \alpha\boldsymbol{I})\|$ 的值，即预条件子 $\boldsymbol{P}_\alpha$ 与系数矩阵 $\boldsymbol{A} + \alpha\boldsymbol{I}$ 的精确程度，得出 $\boldsymbol{P}_\alpha$ 与系数矩阵 $\boldsymbol{A} + \alpha\boldsymbol{I}$ 的误差是有界的，并且上界与参数 α 无关，并讨论了 $\boldsymbol{P}_\alpha^{-1}(\boldsymbol{A} + \alpha\boldsymbol{I})$ 谱的性质。

注意到，系数矩阵 $\boldsymbol{A} + \alpha\boldsymbol{I}$ 的更新预处理子 $\boldsymbol{P}_\alpha$ 是通过更新矩阵 $\boldsymbol{L}$ 的非零元素而得到的，但对矩阵 $\boldsymbol{D}$ 中的元素并没有任何更新。因此，自然而然会考虑，是否可以通过修正对角矩阵 $\boldsymbol{D}$ 中的元素来更新预处理子，这也是一个值得深入讨论的问题。

1.2.3 鞍点线性系统的迭代法

在流体动力学、电磁学、线性弹性力学、带有限制条件的二次优化、最小二乘问题、计算电磁学等科学与工程计算领域中 [53,77-80]，有很多问题常会转化为如下鞍点线性系统的求解：

$$\begin{pmatrix} \boldsymbol{A} & \boldsymbol{B} \\ \boldsymbol{B}^{\mathrm{T}} & -\boldsymbol{C} \end{pmatrix} = \begin{pmatrix} b \\ q \end{pmatrix} \tag{1.2.6}$$

这里的矩阵 $\boldsymbol{A} \in \boldsymbol{R}^{m\times m}$ 是对称正定矩阵，$\boldsymbol{B} \in \boldsymbol{R}^{m\times n}$ 是列满秩矩阵，$\boldsymbol{C} \in \boldsymbol{R}^{n\times m}x$，$p \in \boldsymbol{R}^m y$，$q \in \boldsymbol{R}^n$ 以及 $m \geqslant n$，$\boldsymbol{B}^{\mathrm{T}}$ 表示矩阵 $\boldsymbol{B}$ 的转秩矩阵。

鞍点线性系统（saddle point linear system）又被称为 KKT 系统，或者扩展系统（augmented system）。当矩阵 $\boldsymbol{A}$ 为对称正定矩阵，$\boldsymbol{C} = 0$ 时，称式 (1.2.6) 为经典的鞍点问题，否则称之为广义鞍点问题。由于系数矩阵 $\boldsymbol{A}$ 在很多情况下具有强不定性、非对称性、对角元不占优等性质，因此，鞍点问题的系数矩阵 $\boldsymbol{A}$ 往往是非常病态的。由于鞍点问题的应用非常广泛，如何快速有效地求解鞍点问题已成为当今计算数学的一个研究重点。美国斯坦福大学的 Golub，德国柏林大学的 Liesen 以及 Emory 大学的 Benzi 等众多学者在这方面的研究做了很多工作。通常情况下，式 (1.2.6) 中矩阵 $\boldsymbol{A}$ 和 $\boldsymbol{B}$ 是大型稀疏矩阵，因此，有许多学者提出了众多行之有效的数值迭代方法来求解鞍点问题，如 Uzawa 迭代法、HSS 迭代法、预条件 Krylov 子空间迭代法和严格预条件共轭梯度法等，这些预处理技术深受广大学者的关注。

例如，Bai 等人 [81] 提出了 SOR–like 迭代法来求解扩展线性系统，并分析了 SOR–like 迭代法的收敛性以及最优参数的取值问题。Darvishi 等人 [82] 进而提出了对称 SOR 迭代法（SSOR）来加速 SOR–like 迭代法的收敛性。后来，通过引入参数，Bai 等人 [83] 提出了一类参数化不精确 Uzawa 迭代法，即 PIU 法，并进一步证明了当参数在一定范围内取值时 PIU 迭代法的收敛性，最后回答了最优参数的取值问题以及相应的最优收敛因子。Chen 等人 [84] 对 PIU 迭代法做了进一步推广，并分析讨论了迭代法的收敛条件，并得出，随着参数的不同取值从而可得出不同的迭代法，如 PIU 迭代法、GSOR 迭代法以及 GIAOR 迭代法。后来，利用矩阵的 Hermitian 和 skew–Hermitian 分裂迭代法，Bai 等人 [85] 提出了加速 Hermitian 和 skew–Hermitian 分裂迭代法（AHSS）来求解大型稀疏鞍点问题，文献中证明了该迭代法无条件收敛于原鞍点线性系统唯一的解，并分析了最优参数的取值以及相应的渐进收敛速度。Li 等人 [86] 提出了预条件 Krylov 子空间迭代法来求解鞍点问题，并分析了预条件子的一些性质。该方法涉及两个对角矩阵的选择，当选取特殊对角矩阵时，可得到 Uzawa 迭代法；更多方法可参考相关文献 [78, 87-95]。

当然，还有很多种方法用于求解鞍点问题，如直接法、投影法、零空间方法等 [96-101]。由于篇幅所限，对于这些方法的详细过程，在此，我们不再一一介绍。

1.2.4 线性互补问题（LCP）

线性互补问题，即 LCP$(q, \boldsymbol{A})$ 问题，就是找到一组实向量 $w, z \in \boldsymbol{R}^n$，使得该向量组满足

$$w = \boldsymbol{A}z + \boldsymbol{q} \geqslant 0,\ \ z \geqslant 0\ \ and\ \ z^{\mathrm{T}}(\boldsymbol{A}z + \boldsymbol{q}) = 0 \tag{1.2.7}$$

这里 $\boldsymbol{A} \in \boldsymbol{R}^{n\times n}$ 是一给定的实矩阵；$\boldsymbol{q} \in \boldsymbol{R}^n$ 是一给定的实矩阵；z^{T} 表示向量 z^{T} 的转置。

在科学计算和工程应用中，有很多实际问题最终都转化为线性互补问题的求解，如凸二次规划、流体动力学的自由边界问题、最优不变资本理论、马尔科夫链问题、自由边界问题、网络平衡问题等许多方面；更多的实际背景和相关理论，可参考线性互补问题相关专著 [102-105]。

线性互补问题最先在 1963 年被 Dentzig 和 Cotile 提出。后来，Cotue 第一次提出用数学规划算法来求解线性互补问题。线性互补问题的出现，引起了广大学者们极大的研究兴趣。近年来，国内外很多学者对线性互补问题 LCP$(\boldsymbol{q}, \boldsymbol{A})$ 的求解进行了大量深入的研究 [106,107]，并得出了很多高效算法。其中置换法和迭代法是求解线性互补问题的两大主要方法，而迭代法对大型稀疏矩阵的线性互补问题的

加速求解尤其有效。针对 $\boldsymbol{A}$ 为特殊矩阵的线性互补问题的迭代求解，可详细参考相关文献 [97,108-114]。

目前，已有许多国内外学者关注用代数方程来求解线性互补问题 [97,111-116]。例如，Hadjidimos 和 Tzoumas[97] 提出了外推模算法。当系数矩阵为正定矩阵和 $\boldsymbol{H}_+$-矩阵时，Bai[111] 提出了一类基模矩阵分裂法并证明了该分裂法的收敛性。显然，这些结果对于对称正定矩阵和 $\boldsymbol{H}_+$-矩阵仍然成立。这两种新算法是实际数 9 值计算中都非常有效和实用的。为了在并行机上求解大型稀疏线性互补问题，基于系统矩阵的两级多分裂，Bai 等人 [112] 构建了基模二级多分裂迭代法。这些分裂法包括松弛多分裂法，如 Jacobi、Gauss+Seidel、SOR 以及 AOR 这些特殊的分裂，并分析证明了这些二级多分裂法的收敛性。最后数值实验表明，在实际应用中，基模二级多分裂迭代法比基模分裂迭代法更加可行有效。后来，Zhang 等人 [115] 减弱了基模分裂迭代法和基模二级多分裂迭代法的收敛条件，即将矩阵 $\boldsymbol{A}$ 的相容分裂条件减弱到矩阵 $\boldsymbol{A}$ 的分裂，使得基模分裂法和基模二级多分裂法的应用范围得到了进一步的扩展。

1.3 本书主要研究内容和方法

针对以上所提及的问题并结合实际数值计算中各种线性系统自身的特点，本书的主要研究内容是基于矩阵分裂迭代法之上，讨论用分裂迭代法求解复对称线性系统、分数阶微分方程、带位移线性系统、鞍点问题、线性互补问题解的问题以及用预处理技术加速迭代法的收敛，理论分析了分裂迭代法的收敛性及其性质，进而对算法的有效性进行测试。

本书所采用的主要研究方法包括：线性代数的基本理论及方法；正定矩阵、H_+-矩阵、Toeplitz 矩阵、Hermitian 矩阵、skew–Hermitian 矩阵等特殊矩阵理论知识；特征值理论；矩阵分裂及分解技术；迭代方法；分数阶方程的差分法；Matlab 程序设计等。

本书共包括 7 章。

第 1 章为绪论，主要概述了本书的研究对象、研究目的、研究背景以及研究方法。

第 2 章讨论用 Hermitian 和 skew–Hermitian 分裂迭代法（HSS）求解复对称线性系统。首先对复对称矩阵的 Hermitian 和 skew–Hermitian 分裂进行变形，即对 MHSS 迭代法引入一个新的参数 β 和参数矩阵 $\boldsymbol{P}$，利用新的迭代法建立复对称线性系统的 Hermitian 和 skew–Hermitian 分裂迭代法的收敛性理论。并给出迭代矩阵谱半径的上限，对于任意的参数 β，进而得出新参数 β 的取值范围。当参数 β 落在取值范围内时，所提出的新方法收敛于复对称线性系统的解。并且当参数 β 和矩阵 $\boldsymbol{P}$ 取特殊值时，新的分裂迭代法就是文献 [56] 中的方法，从而推广了文献 [56] 中的迭代法。

第 3 章研究用带有转移 Grunwald 格式的隐式有限差分法来离散化带有常数项系数的分数阶对流–弥散方程。考虑用 Hermitian 和 skew–Hermitian 分裂法来求解此带有 Toeplitz–like 特殊结构的线性系统。利用 Krylov 子空间法来求解每一个线性子系统，并利用快速傅里叶变换（FFTs）来降低矩阵–向量乘的计算量，同时，利用如 Strang's 和 T. Chan's 预条件矩阵作为循环预处理子来加速 Krylov 子空间迭代法求解子线性系统的收敛速度。最后分析了 HSS 迭代法求解此线性系统的收敛性，随后研究了有关预条件矩阵的谱的一些性质，进而得出所提出迭代法的超线性收敛性。

第 4 章讨论了关于求解带位移线性系统序列的预处理技术问题，并提出一种新的修正策略来更新预条件矩阵。这种预处理技术，思想上是受到代数理论的启发，基于矩阵 $\boldsymbol{A}$ 的 $\boldsymbol{LDU}$ 分解，根据不同的位移矩阵，通过修正严格下三角矩阵 $\boldsymbol{L}$ 和严格上三角矩阵 $\boldsymbol{U}$ 中的元素来更新每个带位移线性系统对应的预处理子。该技术推广了文献 [1] 中预处理子的更新技术，并通过理论分析对所提出预条件子的一些性质进行讨论，进而讨论了预处理位移线性系统的收敛性。

第 5 章研究建立了鞍点问题的一种快速有效的分裂法，即广义 Uzawa–SOR 迭代法来求解该模型，该方法有效地推广了 USOR 迭代法。当迭代参数在一定的取值范围内时，分析讨论所提出方法的迭代矩阵的特征值和特征向量的性质，进而建立了广义 USOR 迭代法的收敛性定理。随着不同的参数取值，迭代法取得了较好的数值实验效果。

第 6 章讨论分析线性互补问题的基模矩阵分裂迭代法。基于基模矩阵分裂迭代法，将其变形形式作为内迭代法，来近似的求解线性互补问题，并具体给出所提新方法的不精确迭代过程。特别地，当系数矩阵为正定矩阵和 $\boldsymbol{H}_+$-矩阵时，进而分析了新方法的收敛性及其性质。

第 7 章给出总结并对今后所要研究的工作进行了展望。

2　基于 MHSS 迭代法的加速技巧研究

在科学计算中，有许多问题都归结于求解大型非 Hermitian 正定线性系统。而求解非 Hermitian 正定线性系统的 Hermitian 和 skew–Hermitian 分裂迭代法（HSS）具有形式简单、易于编程等优点，因此受到许多专家和学者的关注 [51,117]，并对 HSS 迭代法进行各种形式的修正、改进和推广，从而衍生出许多新的高效算法，如 LHSS 迭代法 [118]、NSS 迭代法 [49]、PHSS 迭代法 [119,120]、TSS 迭代法 [50] 以及 NHSS 迭代法 [121] 等，进而将这些方法应用在许多科学计算领域中。当用 HSS 迭代法求解复对称线性系统时，其运算较为复杂，为避免迭代法的这一缺点，Bai 等人 [56] 对 HSS 迭代法进行了修正，从而提出了修正 HSS（MHSS）迭代法来求解复线性系统，文中进一步证明了修正 HSS 迭代法无条件收敛于原线性系统唯一的解。在本章中，我们通过添加一个新的参数 α 和矩阵 $\boldsymbol{P}$，对 MHSS 迭代法进行修正和推广，从而得到广义 MHSS（GMHSS）迭代法，进而证明了 GMHSS 迭代法的收敛性，并讨论了最优参数的选取问题。最后，通过数值实验，验证了本章所提出的 GMHSS 迭代方法是有效的。

2.1　引言

考虑如下稀疏型线性系统

$$\boldsymbol{A}x = b, \qquad x, b \in \mathbb{C}^n \tag{2.1.1}$$

这里 $\boldsymbol{A} = (a_{i,j}) \in \mathbb{C}^{n\times n}$ 是大型稀疏非 Hermitian 正定矩阵。

众所周知，由矩阵分裂所得迭代法在线性系统的求解过程中起着十分重要的作用，而用迭代法求解这一问题时，通常需要对系数矩阵进行有效的分裂，并且矩阵分裂法的收敛性在一定程度上决定了相应分裂法的数值性质 [21,122,123]。

众所周知，矩阵 $\boldsymbol{A}$ 自然存在 Hermitian 和 skew–Hermitian 分裂 [47,50,53,124]，故有：

$$\boldsymbol{A} = \boldsymbol{H} + \boldsymbol{S}$$

其中

$$\boldsymbol{H} = \frac{1}{2}(\boldsymbol{A} + \boldsymbol{A}^*),\ \ \boldsymbol{S} = \frac{1}{2}(\boldsymbol{A} - \boldsymbol{A}^*)$$

Bai 等人 [47] 在 2003 年针对非 Hermitian 正定线性方程组首次提出用 HSS 迭代法求解线性系统。HSS 迭代法实际上是一种交替方向迭代法，设 α 是任意给定的一正数，令 $\boldsymbol{H} = \frac{1}{2}(\boldsymbol{A} + \boldsymbol{A}^*)$ 和 $\boldsymbol{S} = \frac{1}{2}(\boldsymbol{A} - \boldsymbol{A}^*)$，是矩阵 $\boldsymbol{A}$ 的 Hermitian 和 skew-Hermitian 部分，则 HSS 迭代法的迭代过程如下：

$$\begin{cases} (\boldsymbol{H} + \alpha\boldsymbol{I})x_{k+\frac{1}{2}} = (\alpha\boldsymbol{I} - \boldsymbol{S})x_k + b \\ (\boldsymbol{S} + \alpha\boldsymbol{I})x_{k+1} = (\alpha\boldsymbol{I} - \boldsymbol{H})x_{k+\frac{1}{2}} + b \end{cases} \quad (k = 0, 1, \cdots) \tag{2.1.2}$$

这里 x_0 是任意给定的初始值。

文献 [47] 还证明了当系数矩阵 $\boldsymbol{A}$ 是正定矩阵时，对任意给定的正数 α，HSS 迭代法都无条件收敛于线性系统 (2.1.1) 唯一的解 x^*。即对所有的 $\alpha > 0$ 及任意给定的初始值 x_0，当 $k \to \infty$ 时，都有数列 x_k 收敛于原系统唯一的解。同时还得出，当 $\alpha = \sqrt{ab}$ 时，迭代矩阵 $\boldsymbol{H}$ 的谱半径的上界最小化，这里 $a = \lambda_{\min}(\boldsymbol{H})$ 和 $b = \lambda_{\max}(\boldsymbol{H})$ 分别是矩阵 $\boldsymbol{H}$ 的最小、最大特征值。

后来 Benzi 等人 [125] 对 HSS 迭代法做了进一步研究并将该算法应用到求解鞍点问题领域中 [53,54,85,119,126]。近几年来，随着学者们对 HSS 迭代法的不断深入研究 [127-129]，HSS 不仅用在定常迭代法中，而且还可作为 Krylov 子空间方法的预条件矩阵 [21]，例如 Chan 等人 [130] 分析了 HSS 预条件矩阵谱的性质 [50,131-134]。为进一步推广 HSS 迭代法，Li 等人 [129] 提出了非平衡 HSS（LHSS）迭代法与非对称 HSS（AHSS）迭代法，并从理论上分析证明了算法的收敛性，进而还讨论了如何选取最优参数的问题。

本章考虑求解如下复线性系统

$$\boldsymbol{A}x = b, \qquad x, b \in \mathbb{C}^n \tag{2.1.3}$$

这里 $\boldsymbol{A} = (a_{i,j}) \in \mathbb{C}^{n\times n}$ 是一复对称矩阵，即：

$$\boldsymbol{A} = \boldsymbol{W} + i\boldsymbol{T}$$

$W, T \in \mathbb{R}^{n\times n}$ 是实对称矩阵；矩阵 W 是正定矩阵；矩阵 T 是半正定矩阵。

当 $\boldsymbol{T} \neq 0$ 时，我们可以得出矩阵 $\boldsymbol{A}$ 是非 Hermitian 矩阵。本章里，用 $i = \sqrt{-1}$ 表示虚数单位。

如果直接应用 HSS 迭代法求解复对称线性系统时，运算复杂，为避免这一缺点，Bai 等人 [56] 提出了修正 HSS 迭代法，其具体算法如下：MHSS 迭代法：任意给定一个初始解 $x^{(0)}$，对 $k=0,1,2,\cdots$，直到数列 $x^{(k)}$ 收敛，计算

$$\begin{cases}(\boldsymbol{W}+\alpha\boldsymbol{I})x_{k+\frac{1}{2}}=(\alpha\boldsymbol{I}-i\boldsymbol{T})x_k+b\\(\boldsymbol{T}+\alpha\boldsymbol{I})x_{k+1}=(\alpha\boldsymbol{I}+i\boldsymbol{W})x_{k+\frac{1}{2}}-ib\end{cases}\quad(k=0,1,\cdots)\tag{2.1.4}$$

其中 α 是任一给定正数。

他们还证明了，对于任意的正数 α，MHSS 迭代法都无条件收敛于复线性系统 (2.1.3) 唯一的解。当矩阵 $\boldsymbol{W}$ 和矩阵 $\boldsymbol{T}$ 不是实的非对称矩阵时，Guo 等人 [57] 研究了用 MHSS 迭代法求解该类复线性系统时算法的收敛性。基于 MHSS 分裂法，在本章里，我们对 MHSS 迭代法进行修正和推广来加速求解复线性系统 (2.1.3)，称该方法为广义修正 Hermitian 和 skew–Hermitian 分裂迭代法（GMHSS）。下面，我们对此算法做一简单描述。

GMHSS 迭代法：任一给定初始值 $x^{(0)}$，对于 $k=0,1,2,\cdots$，计算

$$\begin{cases}(\boldsymbol{W}+\alpha\boldsymbol{P})x_{k+\frac{1}{2}}=(\alpha\boldsymbol{P}-i\boldsymbol{T})x_k+b\\(\boldsymbol{T}+\beta\boldsymbol{P})x_{k+1}=(\beta\boldsymbol{P}+i\boldsymbol{W})x_{k+\frac{1}{2}}-ib\end{cases}\tag{2.1.5}$$

这里 α 和 β 是给定正数；$\boldsymbol{W}$ 是正定矩阵；$\boldsymbol{T}$ 是半正定矩阵。假定 $\boldsymbol{P}$ 是对称正定矩阵，并且矩阵 $\boldsymbol{P}$ 与矩阵 $\boldsymbol{W}$ 和 $\boldsymbol{T}$ 分别是可换的。

满足上述条件的矩阵 $\boldsymbol{P}$ 是很容易得到的，例如可取矩阵 $\boldsymbol{P}$ 为正定对角矩阵。显然，$\boldsymbol{P}$ 与矩阵 $\boldsymbol{W}$ 和 $\boldsymbol{T}$ 都是可换的。

本章将分析讨论用 GMHSS 迭代法求解复线性系统的收敛性，研究发现，当矩阵 $\boldsymbol{W}$ 是正定矩阵，矩阵 $\boldsymbol{T}$ 是半正定矩阵时，对于给定的正数 α 和 β，当它们在一定范围内取值时，GMHSS 迭代法都收敛于复线性系统 (2.1.3) 唯一的解。同时还得出，GMHSS 迭代法收敛速度的上界只与参数 α 和 β 以及矩阵 $\boldsymbol{P}^{-1}\boldsymbol{W}$ 和 $\boldsymbol{P}^{-1}\boldsymbol{T}$ 的谱有关。本章结构安排如下：首先，介绍本章所要用到的一些矩阵预备知识，其次分析讨论当参数 α 和 β 满足一定条件时 GMHSS 迭代法的收敛性，接着对实际应用过程中的不精确（inexact）GMHSS 迭代法（即 IGMHSS 迭代法）进行简单描述，并通过用数值实验来验证前面所得理论结果的正确性以及算法的有效性，最后对 GMHSS 迭代法给出小结与展望。

2.2 GMHSS 迭代法的收敛性分析

2.2.1 预备知识

首先，给出本章中所要用到的一些基本概念。

定义 2.2.1 设 $\boldsymbol{A} \in C^{n\times n}$，则

（1）如果 $\boldsymbol{A}^{\mathrm{H}} = \boldsymbol{A}$，我们称矩阵 $\boldsymbol{A}$ 是 Hermitian 矩阵；

（2）如果 $\boldsymbol{A}^{\mathrm{H}} = -\boldsymbol{A}$，我们称矩阵 $\boldsymbol{A}$ 是 skew–Hermitian 矩阵。用 $\rho(\boldsymbol{A})$ 表示矩阵 $\boldsymbol{A}$ 的谱半径。

下面，将从理论上对广义修正 MHSS 迭代法的收敛性进行分析证明，并对如何选取参数的最优取值展开讨论。

2.2.2 主要结果

这一节里，我们分析讨论广义 MHSS 迭代法的收敛性，并推导迭代矩阵谱半径的上界，进而讨论参数 $\boldsymbol{\beta}$ 的最优取值问题。注意到，由于 GMHSS 迭代法实际上是两步分裂迭代法，因此可以用两步分裂迭代法的收敛标准来讨论 GMHSS 迭代法的收敛性。

引理 2.2.1[47] 设矩阵 $\boldsymbol{A} \in C^{n\times n}$，$\boldsymbol{A} = \boldsymbol{M}_i - \boldsymbol{N}_i\ (i = 1, 2)$ 是矩阵 $\boldsymbol{A}$ 的两种分裂，$\boldsymbol{x}_0 \in C^n$ 是一给定向量。设 x_k 是如下迭代过程所得序列

$$\begin{cases} \boldsymbol{M}_1 x_{k+\frac{1}{2}} = \boldsymbol{N}_1 x_k + b \\ \boldsymbol{M}_2 x_{k+1} = \boldsymbol{N}_2 x_k + b \end{cases} \quad (k = 0, 1, 2, \cdots)$$

则

$$x_{k+1} = \boldsymbol{M}_2^{-1}\boldsymbol{N}_2\boldsymbol{M}_1^{-1}\boldsymbol{N}_1 x_k + \boldsymbol{M}_2^{-1}(I + \boldsymbol{N}_2\boldsymbol{M}_1^{-1})b \quad (k = 0, 1, 2, \cdots)$$

成立。当迭代矩阵的谱半径 $\rho(\boldsymbol{M}_2^{-1}\boldsymbol{N}_2\boldsymbol{M}_1^{-1}\boldsymbol{N}_1) < 1$ 时，对于任意给定的初始向量 $\boldsymbol{x}_0 \in C^n$，都有迭代序列 x_k 收敛于复线性系统 (2.1.3) 唯一的解 $\boldsymbol{x}^* \in C^n$。* 根据引理 2.2.1，可得如下关于 GMHSS 迭代法的收敛性定理。

定理 2.2.1 设矩阵 $\boldsymbol{A} \in \mathbb{C}^{n\times n}$，矩阵 $\boldsymbol{W} \in \boldsymbol{R}^{n\times n}$ 和矩阵 $\boldsymbol{T} \in \boldsymbol{R}^{n\times n}$ 分别是对称正定和对称半正定矩阵。令参数 α 和 β 是正实数，矩阵 $\boldsymbol{P}$ 为对称正定矩阵，并且分别与矩阵 $\boldsymbol{W}$ 和矩阵 $\boldsymbol{T}$ 是可换的，则有如下结论成立：

（1）GMHSS 迭代法的迭代矩阵 $\boldsymbol{M}(\alpha, \beta)$ 为：

$$\boldsymbol{M}(\alpha, \beta) = (\beta\boldsymbol{P} + \boldsymbol{T})^{-1}(\beta\boldsymbol{P} + i\boldsymbol{W})(\alpha\boldsymbol{P} + \boldsymbol{W})^{-1}(\alpha\boldsymbol{P} - i\boldsymbol{T}) \tag{2.2.1}$$

且有

$$\rho(\boldsymbol{M}(\alpha,\beta)) \leqslant \delta(\alpha,\beta)$$

这里

$$\delta(\alpha,\beta) \equiv \max_{\lambda_i \in \lambda(\boldsymbol{P}^{-1}\boldsymbol{W})} \frac{\sqrt{\beta^2+{\lambda_i}^2}}{\alpha+\lambda_i} \max_{u_i \in \lambda(\boldsymbol{P}^{-1}\boldsymbol{T})} \frac{\sqrt{\alpha^2+{u_i}^2}}{\beta+u_i} \tag{2.2.2}$$

这里 $\lambda(\boldsymbol{M})$ 是矩阵 $\boldsymbol{M}$ 的谱。

（2）对于任意给定的正参数 α，若 β 满足：

$$\alpha\sqrt{\frac{\lambda_{\max}}{2\alpha+\lambda_{\max}}} < \beta \leqslant \sqrt{\alpha(\alpha+2\lambda_{\min})} \tag{2.2.3}$$

则 $\delta(\alpha,\beta)<1$，即 GMHSS 迭代法收敛，其中 $\lambda_{\max}$ 和 $\lambda_{\min}$ 是矩阵 $\boldsymbol{P}^{-1}\boldsymbol{W}$ 的最大特征值和最小特征值。

证明　在引理 2.2.1 中，令

$$\boldsymbol{M}_1=\alpha\boldsymbol{P}+\boldsymbol{W},\quad \boldsymbol{N}_1=\alpha\boldsymbol{P}-i\boldsymbol{T},\quad \boldsymbol{M}_2=\beta\boldsymbol{P}+\boldsymbol{T},\quad \boldsymbol{N}_2=\beta\boldsymbol{P}+i\boldsymbol{W}$$

由于 α 和 β 是正数，故有矩阵 $\alpha\boldsymbol{P}+\boldsymbol{W}$ 和矩阵 $\beta\boldsymbol{P}+\boldsymbol{T}$ 都是非奇异矩阵，从而得到式 (2.2.1) 成立。

通过计算，有

$$\begin{aligned}
&\rho(\boldsymbol{M}(\alpha,\beta))\\
=&\rho((\beta\boldsymbol{P}+\boldsymbol{T})^{-1}(\beta\boldsymbol{P}+i\boldsymbol{W})(\alpha\boldsymbol{P}+\boldsymbol{W})^{-1}(\alpha\boldsymbol{P}-i\boldsymbol{T}))\\
\leqslant&\|(\beta\boldsymbol{P}+\boldsymbol{T})^{-1}(\beta\boldsymbol{P}+i\boldsymbol{W})(\alpha\boldsymbol{P}+\boldsymbol{W})^{-1}(\alpha\boldsymbol{P}-i\boldsymbol{T})\|_2\\
\leqslant&\|(\beta\boldsymbol{P}+i\boldsymbol{W})(\alpha\boldsymbol{P}+\boldsymbol{W})^{-1}\|_2\|(\alpha\boldsymbol{P}-i\boldsymbol{T})(\beta\boldsymbol{P}+\boldsymbol{T})^{-1}\|_2\\
=&\|(\beta\boldsymbol{I}+i\boldsymbol{P}^{-1}\boldsymbol{W})(\alpha\boldsymbol{I}+\boldsymbol{P}^{-1}\boldsymbol{W})^{-1}\|_2\|(\alpha\boldsymbol{I}-i\boldsymbol{P}^{-1}\boldsymbol{T})(\beta\boldsymbol{I}+\boldsymbol{P}^{-1}\boldsymbol{T})^{-1}\|_2\\
=&\max_{\lambda_i \in \lambda(\boldsymbol{P}^{-1}\boldsymbol{W})} \frac{\sqrt{\beta^2+{\lambda_i}^2}}{\alpha+\lambda_i} \max_{u_i \in \lambda(\boldsymbol{P}^{-1}\boldsymbol{T})} \frac{\sqrt{\alpha^2+{u_i}^2}}{\beta+u_i}
\end{aligned}$$

可得矩阵 $\rho(\boldsymbol{M}(\alpha,\beta))$ 谱半径的上界见式 (2.2.2)。

由于矩阵 $\boldsymbol{W}$ 和矩阵 $\boldsymbol{P}$ 分别都是对称正定矩阵，矩阵 $\boldsymbol{T}$ 是对称半正定矩阵，因此分别有不等式 $\lambda_i>0$, $u_i \geqslant 0$ 和 $\alpha>0, \beta>0$ 成立。又由已知条件，则有如下

等式成立：

$$\max_{\lambda_i} \frac{\sqrt{\beta^2+{\lambda_i}^2}}{\alpha+\lambda_i} = \max\left\{\frac{\sqrt{\beta^2+{\lambda_{\min}}^2}}{\alpha+\lambda_{\min}}, \frac{\sqrt{\beta^2+{\lambda_{\max}}^2}}{\alpha+\lambda_{\max}}\right\}$$

$$= \begin{cases} \dfrac{\sqrt{\beta^2+{\lambda_{\max}}^2}}{\alpha+\lambda_{\max}}, & \beta \leqslant \beta^* \\ \dfrac{\sqrt{\beta^2+{\lambda_{\min}}^2}}{\alpha+\lambda_{\min}}, & \beta \geqslant \beta^* \end{cases}$$

这里 β^* 是关于 $\lambda_{\max}$、$\lambda_{\min}$ 和 α 的函数。

情况 1 若 $\beta > \alpha$，则：

$$\max_{u_i} \frac{\sqrt{\alpha^2+{u_i}^2}}{\beta+u_i} < 1$$

因此有：

$$\delta(\alpha,\beta) < \max_{\lambda_i} \frac{\sqrt{\beta^2+{\lambda_i}^2}}{\alpha+\lambda_i} = \begin{cases} \dfrac{\sqrt{\beta^2+{\lambda_{\max}}^2}}{\alpha+\lambda_{\max}}, & \beta \leqslant \beta^* \\ \dfrac{\sqrt{\beta^2+{\lambda_{\min}}^2}}{\alpha+\lambda_{\min}}, & \beta \geqslant \beta^* \end{cases} \tag{2.2.4}$$

当 $\beta \leqslant \beta^*$ 时，若满足：

$$\frac{\sqrt{\beta^2+{\lambda_{\max}}^2}}{\alpha+\lambda_{\max}} \leqslant 1$$

条件时，则有：

$$\delta(\alpha,\beta) < 1$$

从而很容易得出如下不等式成立：

$$\alpha < \beta \leqslant \beta^* \tag{2.2.5}$$

当 $\beta \geqslant \beta^*$ 时，经简单计算，可得：

$$\beta^* < \beta \leqslant \sqrt{\alpha(\alpha+2\lambda_{\min})} \tag{2.2.6}$$

由式 (2.2.5) 和式 (2.2.6) 可知，若

$$\alpha < \beta \leqslant \sqrt{\alpha(\alpha+2\lambda_{\min})} \tag{2.2.7}$$

成立，则有 $\delta(\alpha,\beta)<1$。

情况 2　若 $\beta<\alpha$，则

$$\max_{u_i}\frac{\sqrt{\alpha^2+{u_i}^2}}{\beta+u_i}\leqslant\max_{u_i}\frac{\sqrt{\alpha^2+{u_i}^2}}{\sqrt{\beta^2+{u_i}^2}}\leqslant\frac{\alpha}{\beta}$$

成立，因此

$$\delta(\alpha,\beta)\leqslant\frac{\alpha}{\beta}\max_{\lambda_i}\frac{\sqrt{\beta^2+{\lambda_i}^2}}{\alpha+\lambda_i}$$

欲使 $\delta(\alpha,\beta)<1$，必有如下不等式成立：

$$\max_{\lambda_i}\frac{\sqrt{\beta^2+{\lambda_i}^2}}{\alpha+\lambda_i}<\frac{\beta}{\alpha}$$

类似的，当 $\beta\leqslant\beta^*$，有：

$$\alpha\sqrt{\frac{\lambda_{\max}}{2\alpha+\lambda_{\max}}}<\beta\leqslant\beta^* \tag{2.2.8}$$

当 $\beta\geqslant\beta^*$ 时，有：

$$\beta^*\leqslant\beta<\alpha \tag{2.2.9}$$

由式 (2.2.8) 和式 (2.2.9) 可知，如果

$$\alpha\sqrt{\frac{\lambda_{\max}}{2\alpha+\lambda_{\max}}}<\beta<\alpha \tag{2.2.10}$$

成立，则有 $\delta(\alpha,\beta)<1$。

情况 3　若 $\beta=\alpha$，$\boldsymbol{P}=\boldsymbol{I}$，则 GMHSS 迭代法就是文献 [56] 中 MHSS 迭代法，即 GMHSS 迭代法无条件收敛。

综上所述，定理得证。

对于任意给定的正数 α，定理 2.2.1 主要讨论了 GMHSS 迭代法收敛时参数 β 的存在性。我们还注意到，参数 β 的选取仅仅依赖于矩阵 $\boldsymbol{P}^{-1}\boldsymbol{W}$ 的谱和参数 α 的选取。由于：

$$\alpha(\alpha+2\lambda_{\min})-\frac{\alpha^2\lambda_{\max}}{2\alpha+\lambda_{\max}}=\alpha\frac{2\alpha^2+4\alpha\lambda_{\min}+2\lambda_{\min}\lambda_{\max}}{2\alpha+\lambda_{\max}}>0$$

也就是说，对于任意给定的正数 β，参数 α 一直是存在的。如果 $\lambda_{\min}$ 和 α 的取值越大，则 $\eta_{\max}$ 的存在区域也就越大。并给出了 GMHSS 迭代法中迭代矩阵谱半径的上界，这里的 $\delta(\alpha,\beta)$ 只与矩阵 $\boldsymbol{P}^{-1}\boldsymbol{W}$ 和 $\boldsymbol{P}^{-1}\boldsymbol{T}$ 以及参数 α 和 β 的选取有关。

推论 设 $\boldsymbol{A}$，$\boldsymbol{W}$，$\boldsymbol{T}$ 和 $\boldsymbol{P}$ 定理 2.2.1 中所定义的矩阵，$\lambda_{\max}$ 和 $\lambda_{\min}$ 分别是矩阵 $\boldsymbol{P}^{-1}\boldsymbol{W}$ 谱的上下界。则对于任意给定的正参数 α，β 的最优取值为：

$$\overline{\beta}=\sqrt{\frac{\alpha^2(\lambda_{\min}+\lambda_{\max})+2\alpha\lambda_{\min}\lambda_{\max}}{2\alpha+\lambda_{\min}+\lambda_{\max}}} \tag{2.2.11}$$

证明 为了最大限度地最小化谱半径的上界式 (2.2.2)，由式 (2.2.4) 可知，则必有如下等式成立：

$$\frac{\sqrt{\beta^2+{\lambda_{\min}}^2}}{\alpha+\lambda_{\min}}=\frac{\sqrt{\beta^2+{\lambda_{\max}}^2}}{\alpha+\lambda_{\max}}$$

经简单计算可得式 (2.2.11)，结论成立。

注： 设 $\overline{\delta}(\alpha,\beta)=\max\limits_{\lambda_i}\frac{\sqrt{\beta^2+{\lambda_i}^2}}{\alpha+\lambda_i}\max\left\{1,\frac{\alpha}{\beta}\right\}$，如果令 $\overline{\delta}(\alpha,\overline{\beta})$ 对参数 α 的一阶导数等于零，从而可以得到参数 $\overline{\beta}$ 是 α 的函数。如果要具体给出最优参数 α 的显示表达式，这里还是有一定困难，但通过数值实验，我们可以估算出 α 的最优取值。

2.3 算法

在 GMHSS 迭代法中，我们需要求解系数矩阵分别为 $\alpha\boldsymbol{P}+\boldsymbol{W}$ 和 $\beta\boldsymbol{P}+\boldsymbol{T}$ 的两个线性子系统。在实际应用中，可以通过直接求逆矩阵来求相应线性方程组的解，但这是非常耗时和不切实际的。为了提高 GMHSS 迭代算法的计算效率，我们采取不精确 GMHSS（IGMHSS）迭代法来求解迭代法中的这两个线性子系统。由于矩阵 $\alpha\boldsymbol{P}+\boldsymbol{W}$ 和矩阵 $\beta\boldsymbol{P}+\boldsymbol{T}$ 分别是对称正定矩阵，因此可调用共轭梯度（CG）法来求解线性子系统。具体地，IGMHSS 迭代算法如下：

(1) $k:=0$;

(2) $r^{(k)}=b-Ax^{(k)}$;

(3) 用 CG 法近似求解系统 $(\alpha\boldsymbol{P}+\boldsymbol{W})y^{(k)}=r^{(k)}$;

(4) $x^{(k+\frac{1}{2})}=x^{(k)}+y^{(k)}$;

(5) $r^{(k+\frac{1}{2})}=-ib+iAx^{(k+\frac{1}{2})}$;

(6) 用 CG 法近似求解系统 $(\beta\boldsymbol{P}+\boldsymbol{T})z^{(k)}=r^{(k+\frac{1}{2})}$;

(7) $x^{(k+1)}=x^{(k+\frac{1}{2})}+z^{(k)}$;

(8) 令 $k=k+1$ 回到第二步;

(9) 令 $x=x^{(k)}$，并输出 x。

在 IGMHSS 迭代算法的实际应用中，假设右端向量 $\boldsymbol{b} = A\boldsymbol{e}$，其中向量 $\boldsymbol{e}$ 为列向量 $((1,1,\cdots,1)^{\mathrm{T}} \in C^m)$，实验的所有初始向量都设为零向量。在迭代算法的循环过程中，当迭代向量 x^k 满足：

$$\frac{\|b - Ax^k\|_2}{\|b\|_2} \leqslant 10^{-6}$$

时迭代结束，内循环 CG 迭代法的停止条件是：

$$\frac{\|r^{(k,l_k)}\|_2}{\|b - Ax^k\|_2} \leqslant 10^{-2}$$

这里 $r^{(k,l_k)}$ 表示迭代过程中第 l_k 次外循环第 k 次内循环的残差；参数 β 的取值选为式 (2.2.11) 中的参数 $\overline{\beta}$。

2.4　数值实验

在这一节里，我们通过数值实验来验证前面所得定理的收敛性结果，并验证本章所提 GMHSS 迭代算法的有效性。所有的数值实验，都是利用 MATLAB 7.1 进行的。

例 2.4.1[56]　我们考虑如下定义在区间 $[0,1]\times[0,1]$ 上，网格长度为 $h = \dfrac{1}{m+1}$ 的复线性系统

$$\left[\left(\boldsymbol{K} + \frac{3-\sqrt{3}}{\tau}\boldsymbol{I}\right) + i\left(\boldsymbol{K} - \frac{3+\sqrt{3}}{\tau}\boldsymbol{I}\right)\right] x = b \tag{2.4.1}$$

这里参数 τ 表示时间步长；矩阵 $\boldsymbol{K}$ 是通过五点中心差分格式并近似带有齐次 Dirichlet 边界条件的负 Laplacian 算子 $L = -\varDelta$ 所得到的矩阵，并且矩阵 $\boldsymbol{K} \in R^{n\times n}$，具有张量积形式，$\boldsymbol{K} = \boldsymbol{I}_m \otimes \boldsymbol{V}_m + \boldsymbol{V}_m \otimes \boldsymbol{I}_m$（$\otimes$ 表示 Kronecker 积，$\boldsymbol{V}_m = h^{-2}\mathrm{tridiag}(-1,2,-1) \in R^{m\times m}$ 是三对角矩阵）。

由上述已知条件，可推出矩阵 $\boldsymbol{K}$ 是一个 $n\times n$ 的块三对角矩阵，其中 $n = m^2$。我们设

$$\boldsymbol{W} = \boldsymbol{K} + \frac{3-\sqrt{3}}{\tau}\boldsymbol{I},\ \ \boldsymbol{T} = \boldsymbol{K} - \frac{3+\sqrt{3}}{\tau}\boldsymbol{I}$$

当参数 τ 取不同数值时，从而导出不同的系数矩阵 $\boldsymbol{A}$。这里的数值实验，假设时间步长和网格长度相等，此外，可以通过将方程两端同时乘以 h^2 将线性系统正规化；具体细节可参见相关文献 [135]。

例 2.4.2[56]　这里考虑如下定义在区间 $[0,1]\times[0,1]$ 上，网格长度为 $h = \dfrac{1}{m+1}$ 的复线性系统

$$[(-\omega^2\boldsymbol{M}+\boldsymbol{K})+i(\omega\boldsymbol{C}_V+\boldsymbol{C}_H)]x=b \tag{2.4.2}$$

矩阵 $\boldsymbol{M}$ 和矩阵 $\boldsymbol{K}$ 分别是惯性和刚度矩阵；矩阵 $\boldsymbol{C}_V$ 和矩阵 $\boldsymbol{C}_H$ 分别是粘性矩阵和滞回阻尼矩阵；变量 ω 表示循环频率。

令 $\boldsymbol{C}_H=\mu\boldsymbol{K}$（$\mu$ 是阻尼系数），设 $\boldsymbol{M}=\boldsymbol{I}$，$\boldsymbol{C}_V=10\boldsymbol{I}$ 以及矩阵 $\boldsymbol{K}$ 是通过五点中心差分格式近似带有齐次 Dirichlet 边界条件的负 Laplacian 算子所得到的矩阵。这里矩阵 $\boldsymbol{K}\in R^{n\times n}$，具有张量积形式，$\boldsymbol{K}=\boldsymbol{I}_m\otimes\boldsymbol{V}_m+\boldsymbol{V}_m\otimes\boldsymbol{I}_m$（$\otimes$ 表示 Kronecker 积；矩阵 $\boldsymbol{V}_m=h^{-2}\text{tridiag}(-1,2,-1)\in R^{m\times m}$ 是一个三对角矩阵）。

显然，矩阵 $\boldsymbol{K}$ 仍然是一个 $n\times n$ 块三对角矩阵，其中 $n=m^2$。同前面一样，通过两边同时乘以 h^2 来规范化线性系统。在本例的数值实验中，分别令 $\omega=\pi$ 和 $\mu=0.02$，以及 $\boldsymbol{W}=\boldsymbol{K}-\omega^2\boldsymbol{I}$ 和 $\boldsymbol{T}=\mu\boldsymbol{K}+10\omega\boldsymbol{I}$。

对于例 2.4.1 和例 2.4.2，根据参数 α 的不同取值以及矩阵 $\boldsymbol{P}$ 的不同选取，我们在图 2-1 和图 2-2 中分别绘制出了 MHSS 迭代法和 GMHSS 迭代法相对应迭代矩阵的谱半径，这里取参数 m 分别为 16 和 24，用符号 MHSS 和 GMHSS 分别表示相应迭代矩阵的谱半径。

从图 2-1 和图 2-2 中可以看出，当 β 取最优值时，GMHSS 迭代法的迭代矩阵的谱半径要小于 MHSS 迭代法相应矩阵的谱半径。当 $\boldsymbol{P}=0.1\times\boldsymbol{I}$ 时，GMHSS 中的谱半径小于 MHSS 的谱半径。显然，矩阵 $\boldsymbol{P}$ 的不同选择可以减小迭代矩阵的谱半径。然而，GMHSS 迭代法中的矩阵 $\boldsymbol{P}$ 并不是最优选取，而仅仅只是满足定理 2.2.1 的条件。今后，我们还将进一步讨论矩阵 $\boldsymbol{P}$ 的最优选取。

如图 2-3 和图 2-4 所示，对于例 2.4.1 和例 2.4.2，根据参数 α 的不同取值以及矩阵 $\boldsymbol{P}$ 的不同选取，这里分别绘制出算法收敛的迭代次数。从图中可以看出，矩阵 $\boldsymbol{P}$ 的选取对迭代次数的影响较小。随着参数 α 的递增，GMHSS 的迭代次数仍然比 MHSS 的迭代次数要小。

文献 [56] 指出，当参数 α 取值为最优值 $\sqrt{\lambda_{\min}\lambda_{\max}}$ 时，则迭代矩阵谱半径的上限 $\delta(\alpha,\beta)$ 最小化。为了便于 MHSS 迭代法和 GMHSS 迭代法进行数值比较，这里仅仅列出当参数 α 取值为最优值时两种不同迭代法所对应的迭代次数和运行时间，具体详见表 2-1 和表 2-2，β 仍然取作 $\overline{\beta}$。从表 2-1 和表 2-2 中可以看出，当 $\boldsymbol{P}=\boldsymbol{I}$ 时，GMHSS 的迭代次数近似于 MHSS 迭代次数的一半。当 $\boldsymbol{P}\neq\boldsymbol{I}$ 时，GMHSS 的迭代次数仍然小于 MHSS 的迭代次数，然而，两种迭代法所需运行时间相差无几。

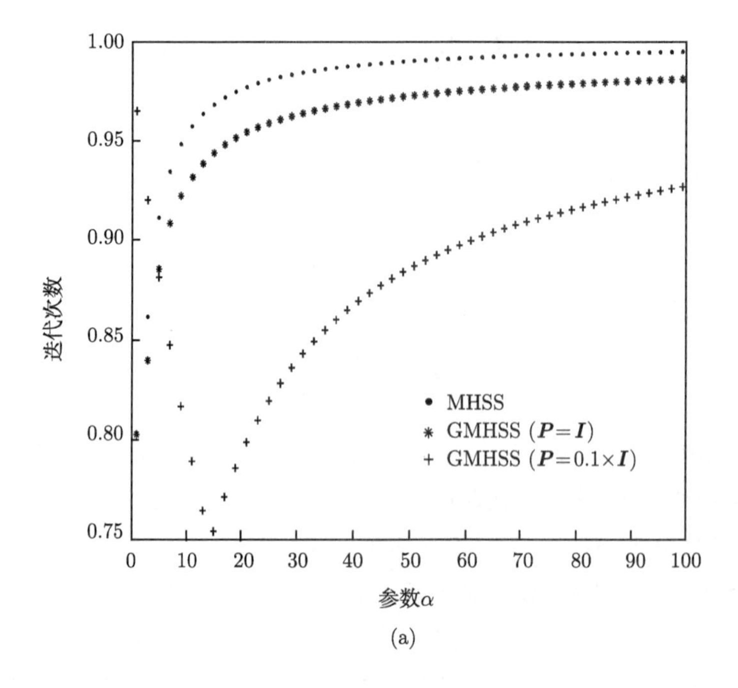

(a)

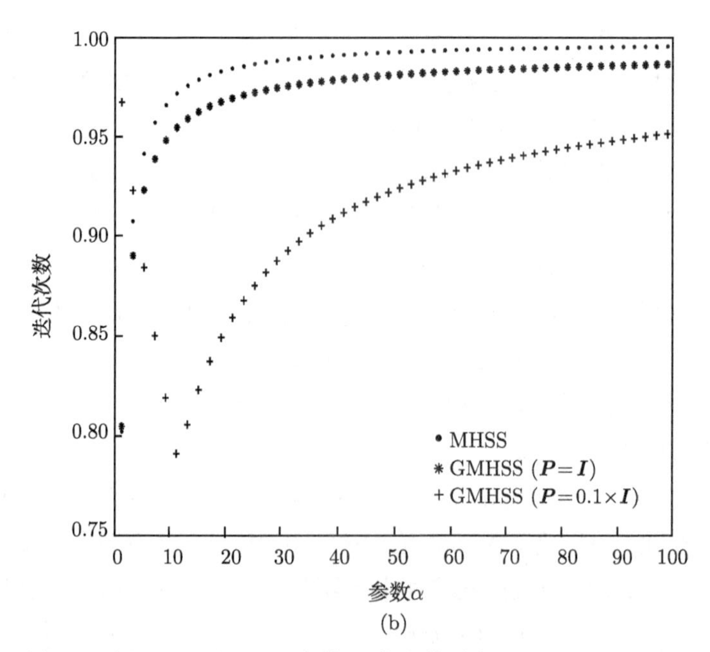

(b)

图 2-1　例 2.4.1 对于不同参数 α 的取值对应 MHSS 和 GMHSS 迭代法迭代矩阵的谱半径

(a) $m = 16$；(b) $m = 24$

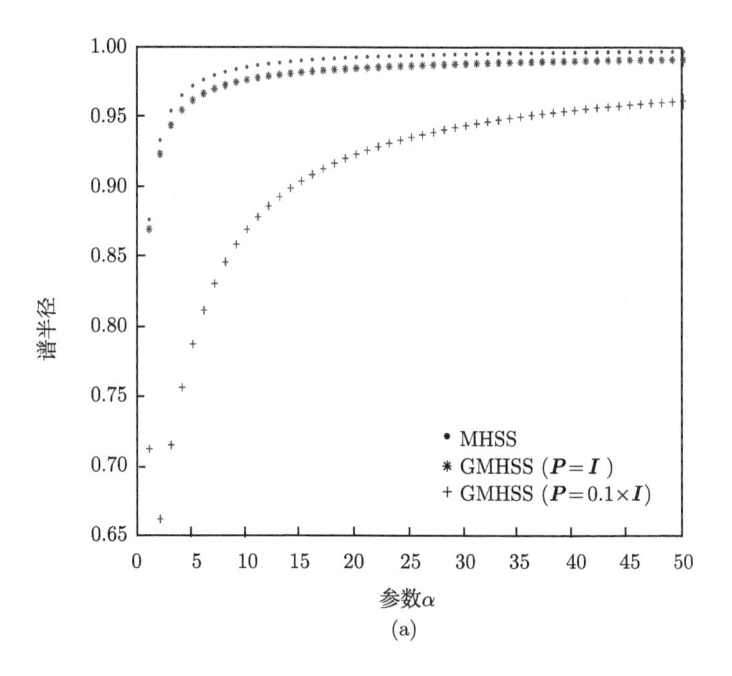

(a)

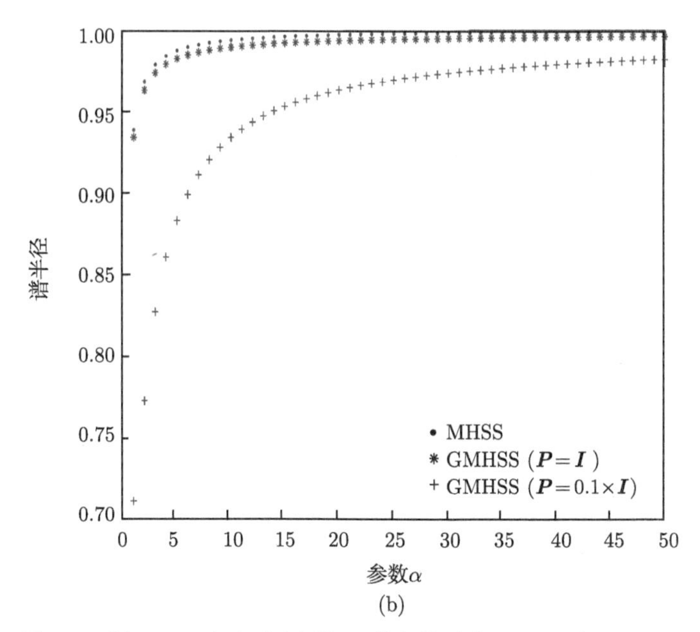

(b)

图 2-2 例 2.4.2 对于不同参数 α 的取值对应 MHSS 和 GMHSS 迭代法迭代矩阵的谱半径

(a) $m = 16$; (b) $m = 24$

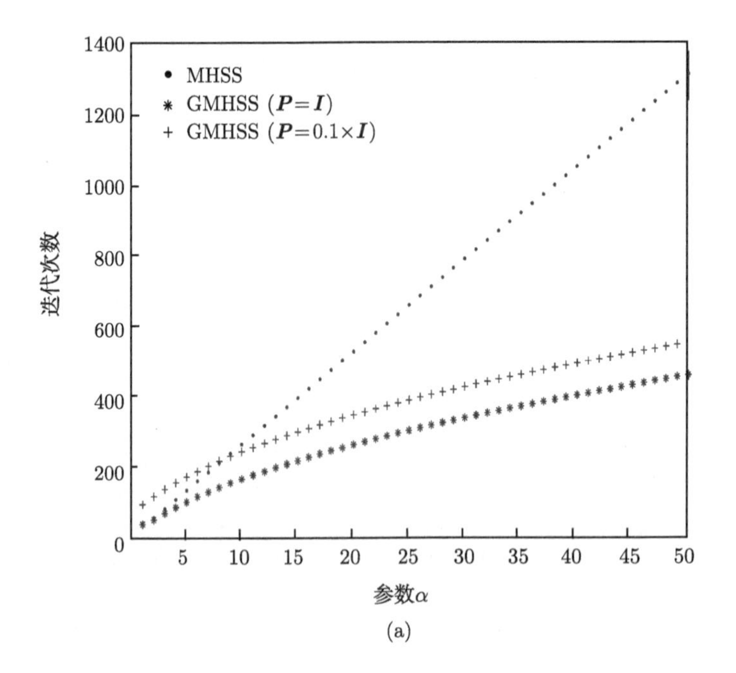

(a)

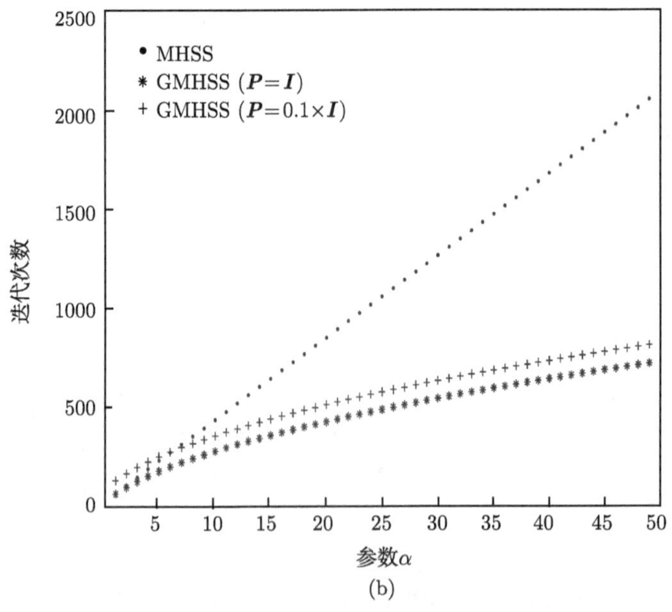

(b)

图 2-3　例 2.4.1 对于不同参数 α 的迭代次数

(a) $m=16$；(b) $m=24$

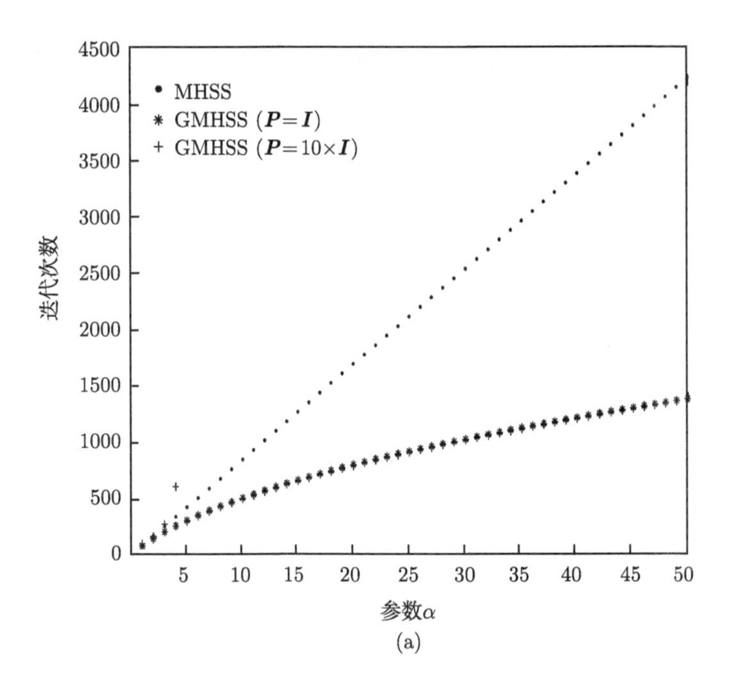

(a)

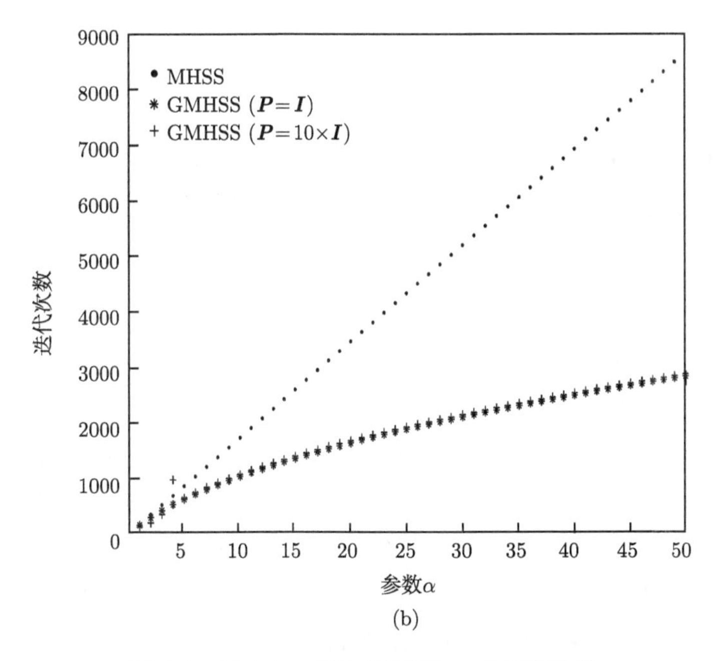

(b)

图 2-4 例 2.4.2 对于不同参数 α 的迭代次数

(a) $m = 16$; (b) $m = 24$

表 2-1 例 2.4.1 中 MHSS 和 GMHSS 迭代法的迭代次数和迭代时间

方 法		$m=8$	$m=16$	$m=24$	$m=32$
MHSS	迭代次数	60	82	102	118
	运行时间	0.0226	0.2405	2.1704	8.8142
GMHSS ($\boldsymbol{P}=\boldsymbol{I}$)	迭代次数	30	41	51	59
	运行时间	0.0210	0.2369	2.1905	8.6661
GMHSS ($\boldsymbol{P}=0.5\times\boldsymbol{I}$)	迭代次数	40	48	54	59
	运行时间	0.0210	0.2315	2.0479	8.7551

表 2-2 例 2.4.2 中 MHSS 和 GMHSS 迭代法的迭代次数和迭代时间

方 法		$m=8$	$m=16$	$m=24$	$m=32$
MHSS	迭代次数	70	106	140	172
	运行时间	0.0213	0.2923	2.6583	10.5413
GMHSS ($\boldsymbol{P}=\boldsymbol{I}$)	迭代次数	35	53	70	86
	运行时间	0.0213	0.2838	2.6104	10.4714
GMHSS ($\boldsymbol{P}=10\times\boldsymbol{I}$)	迭代次数	99	79	79	68
	运行时间	0.0353	0.2889	1.8923	5.6304

2.5 本章小结

在本章中，当用 MHSS 迭代法求解复线性系统时，我们对此分裂迭代法进行推广，从而提出广义 MHSS（GMHSS）迭代方法来求解该线性系统。并进一步分析得出，当新参数 β 在一定取值范围以及矩阵 $\boldsymbol{P}$ 满足一定条件时，广义 MHSS 迭代方法收敛于复线性系统唯一的解。数值实验表明，当选择各种不同的参数 β 和矩阵 $\boldsymbol{P}$ 时，本章所提出的 GMHSS 迭代法所得迭代矩阵的谱半径，迭代次数以及所需迭代时间都比文献 [56] 相应参数的数值小，从而改进了 MHSS 迭代方法。将广义 MHSS 迭代方法作为预条件子和其他方法（如 Krylov 子空间方法）结合使用来求解大型线性方程组，以及对于矩阵分裂中参数的最优选取，将在后续研究工作中进一步研究和探讨。

3　关于时间空间分数阶扩散方程的 HSS 算法研究

第 2 章研究了用 HSS 迭代法来求复线性系统的解，在本章中，继续研究用 HSS 迭代法来求解带有常数项系数的分数阶对流–弥散方程。该方程是通过带有转移 Grunwald 格式的隐式有限差分法离散化而得到的，所得线性系统的系数矩阵是正定矩阵，并且带有 Toeplitz–like 结构。由于系数矩阵是正定矩阵，自然可以考虑用 Hermitian 和 skew–Hermitian 分裂法来求解此带有 Toeplitz–like 特殊结构的线性系统。众所周知，在 Hermitian 和 skew–Hermitian 分裂迭代法中，需要求解两个线性子系统。这里我们利用 Krylov 子空间法来求解每一个线性子系统，并利用快速傅里叶变换（FFTs）来降低迭代过程中的矩阵–向量乘的计算量，在用 Krylov 子空间法求解线性子系统时，可以利用如 Strang's 和 T. Chan's 预条件矩阵作为循环预处理子来加速 Krylov 子空间迭代法求解线性子系统的收敛速度。同时，还分析了 Hermitian 和 skew–Hermitian 迭代法求解此线性系统的收敛性，随后研究了有关预条件矩阵谱的一些性质，进而得出所提迭代法的超线性收敛性。最后，给出了相应的数值算例，数值实验结果表明，在求解分数阶扩散方程时，循环预处理矩阵在运行时间和误差方面具有很好的有效性和稳定性。

3.1　引言

近年来，随着科学技术的不断发展，分数阶导数的应用越来越受到广大学者的关注和重视。相比传统的整数阶（二阶）对流扩散方程来说，分数阶对流扩散方程能够更加准确恰当地描述所研究模型的运动特性 [62,136,137]。因此，考虑将传统的整数阶扩散方程推广到时间和空间的分数阶扩散方程中去，并进一步延伸到非线性系统当中，具有一定的意义。这些分数阶方程被广泛地应用于各种科学和工程领域中，如弹性材料学 [138]、高分子物理学、水文学 [64,139]、金融学 [140-142]、系统控制学 [65]、空气动力学 [143]、地下水模拟、蓄油库模拟以及粘滞阻尼与地震分析 [64,139,144,145] 等。

在分数阶方程发展至今的几十年里，派生出了各种类型的分数阶方程，如时间分数阶方程 [146-149]，空间分数阶扩散方程 [150-152] 以及时间空间分数阶方程 [153-157]，已有许多学者对这些分数阶方程做了大量的工作和算法研究，并相继涌现出了大量的数值方法来求解这些分数阶方程。其中常见的数值方法包括有限差分法 [158-160]、有限元法 [161,162]、谱方法 [163] 及其他的数值方法 [157,164-167]。

由于分数阶扩散方程自身的一些显著特点，因此，在求解分数阶扩散方程过程中常常会遇到许多新的困难和问题。例如，从计算的角度来看，分数阶微分算子自身会产生无条件不稳定性 [62,63]。同时，当用前面所提及的数值方法来求解空间分数阶扩散方程时，会产生一系列满的系数矩阵。对于求解该类系数矩阵的分数阶方程，在每一步计算的过程中，其计算量为 $O(N^3)$。对于一个大小为 N 的问题 [168]，系统需要 $O(N^2)$ 的内存量。然而，当用数值算法来求解二阶扩散方程时，所产生的系数矩阵具有很好的性质，其矩阵结构是带状结构。特别地，当系数矩阵是带状结构时，对于此类线性系统，可以通过快速算法，如多重网格方法、区域分解方法以及小波分析方法等方法通常是很容易快速求解出来的。在求解过程中，系统所需的内存量为 $O(N)$，每一步计算需要 $O(N)$（或 $O(N\lg(N))$）次运算。

为了解决分数阶方程中微分算子的不稳定性，Meerschaert 和 Tadjeran [62,63] 提出用 Grunwald 移位离散算子来近似分数阶扩散方程，并证明了相应的有限差分格式的无条件稳定性和收敛性。数值实验表明，所提方法取得令人较为满意的数值结果。进一步，在文献 [168] 中发现，当用 Meerschaet–Tadjeran 提出的离散算子离散分数阶扩散方程时，最终得到的系数矩阵虽然是稠密矩阵，但该矩阵具有特殊的结构，即系数矩阵可以写成一系列对角矩阵乘以 Toeplitz 矩阵和的形式。由于 Toeplitz 矩阵的矩阵–向量乘运算可以通过 FFTs 得到，其所需的运算量为 $O(N\lg(N))$。

对于用有限差分格式的 Grunwald 移位离散算子来离散化分数阶扩散方程，还有一些快速的数值算法可以用来快速求解此类方程。例如，Gu 等人 [69] 提出了用边界值法（BVM）来求解分数阶扩散方程，并用 GMRES 迭代法伴随块循环预处理子来加速相关线性系统的求解，同时作者还进一步讨论了预条件 GMRES 迭代方法的收敛速度以及计算成本。对分数阶扩散方程进行离散后所得的线性系统，也可以用共轭梯度法（CGNR）[66,67] 求解相应的线性方程组。特别地，当分数阶扩散方程中的扩散项系数比较小时，CGNR 迭代法的收敛速度更快。近几年，当扩散项系数为常数时，Lei 等人 [68] 提出了用带有循环预条件子的预条件共轭梯度法（PCGNR）[67] 来求解分数阶扩散方程的求解。研究发现，文献中所提出的 PCGNR 迭代方法，其收敛速度是超线性收敛的，最后通过数值实验对算法的有效性给予验证，即使当扩散项系数为变量时，PCGNR 预条件迭代算法依然是可行有效的。

当利用隐式二阶有限差分格式离散带有常数项系数的分数阶对流扩散方程时，Qu 等人[169] 首先分析得出该方法具有无条件稳定性。由于该方法所产生的系数矩阵是满的，非对称的，并具有 Toeplitz 矩阵的特殊结构，因此自然可以调用 Circulant 和 skew–Circulant 分裂迭代法来求解对应的 Toeplitz 线性系统的解。同时还分析讨论了用 Circulant 和 skew–Circulant 分裂法求解该线性系统时算法的收敛性，并进一步指出该方法无条件收敛于原线性系统的解。最后数值实验表明，该方法的收敛速度是快速有效的。

特别地，在分数阶扩散方程中，当扩散项系数是常数时，我们发现，用 Meerschaet–Tadjeran 提出的离散算子离散分数阶扩散方程所得的线性系统是稀疏的非 Hermitian 正定线性系统。对于正定线性系统的求解，Bai 等人[47] 提出 Hermitian 和 skew–Hermitian（HSS）分裂迭代法来求解线性方程组的解。因此，这里可以调用 Hermitian 和 skew–Hermitian 分裂迭代法来求解带有 Toeplitz–like 结构的线性系统。

本章的结构安排如下：首先，简单回顾一下分数阶方程的空间离散化过程，并对相关系数矩阵的性质和结构展开讨论；进而引入 HSS 迭代法并构造预条件 HSS（PHSS）迭代法来求解带有 Toeplitz–like 结构的线性系统；并对预条件 HSS（PHSS）迭代法的收敛性进行分析讨论；接着通过丰富的数值算例，来验证用预条件 HSS 迭代法求解分数阶扩散方程是有效的；最后给出本章的小结与展望。

3.2 基于 HSS 迭代法求解分数阶扩散方程

3.2.1 分数阶扩散方程的有限差分离散化

这里我们考虑一类有关时间空间分数阶偏微分方程的初始边值问题，具体方程如下：

$$\begin{cases} \dfrac{\partial u(x,t)}{\partial t} = d_+(x,t)\dfrac{\partial^\alpha u(x,t)}{\partial_+ x^\alpha} + d_-(x,t)\dfrac{\partial^\alpha u(x,t)}{\partial_- x^\alpha} + f(x,t), & x \in (x_L, x_R), t \in (0,T] \\ u(x_L,t) = u(x_R,t) = 0, & 0 \leqslant t \leqslant T \\ u(x,0) = u_0(x), & x \in [x_L, x_R] \end{cases} \tag{3.2.1}$$

其中 $\alpha \in (1,2)$ 表示分数阶导数的阶数；$d_\pm \geqslant 0$，并且 $d_+ + d_- \neq 0$，$f(x,t)$ 为源项。

为了计算方便，对于式 (3.2.1) 中分数阶导数的定义，即左侧分数阶导数 $\dfrac{\partial^{\alpha}u(x,t)}{\partial_{+}x^{\alpha}}$ 和右侧分数阶导数 $\dfrac{\partial^{\alpha}u(x,t)}{\partial_{-}x^{\alpha}}$，本章均是以 Grunwald 格式 [170] 给出左右侧导数的定义，其具体表达式为：

$$\frac{\partial^{\alpha}u(x,t)}{\partial_{+}x^{\alpha}}=\lim_{\Delta x\to 0^{+}}\frac{1}{\Delta x^{\alpha}}\sum_{k=0}^{\lfloor (x-x_L)/\Delta x\rfloor}g_k^{(\alpha)}u(x-k\Delta x,t)$$

$$\frac{\partial^{\alpha}u(x,t)}{\partial_{-}x^{\alpha}}=\lim_{\Delta x\to 0^{+}}\frac{1}{\Delta x^{\alpha}}\sum_{k=0}^{\lfloor (x_R-x)/\Delta x\rfloor}g_k^{(\alpha)}u(x+k\Delta x,t)$$

这里 $\lfloor x\rfloor$ 表示 x 的下整数; Grünwald 格式中的权重 $g_k^{(\alpha)}$ 定义为 $g_k^{(\alpha)}=(-1)^k\begin{pmatrix}\alpha\\k\end{pmatrix}$ $\left(\text{其中}\begin{pmatrix}\alpha\\k\end{pmatrix}\text{表示分数阶二项式系数}\right)$。

我们注意到，Grünwald 的权值 $g_k^{(\alpha)}$ 可以用递归公式表示如下：

$$\begin{aligned}&g_0^{(\alpha)}=1\\&g_k^{(\alpha)}=\left(1-\frac{\alpha+1}{k}\right)g_{k-1}^{(\alpha)}\quad(k\geqslant 1)\end{aligned}\tag{3.2.2}$$

当 $1<\alpha<2$ 时，系数 $g_k^{(\alpha)}$ 具有如下性质 [168]：

$$\begin{cases}g_0^{(\alpha)}=1,\quad g_1^{(\alpha)}=-\alpha<0,\quad 1\geqslant g_2^{(\alpha)}\geqslant g_3^{(\alpha)}\geqslant\cdots\geqslant 0\\ \displaystyle\sum_{k=0}^{\infty}g_k^{(\alpha)}=0,\quad \sum_{k=0}^{m}g_k^{(\alpha)}<0\quad(m\geqslant 1)\end{cases}\tag{3.2.3}$$

设 N 和 M 都是正整数，$\Delta x=(x_R-x_L)/(N+1)$ 表示空间步长，$\Delta t=T/M$ 表示时间步长。对于 $i=0,1,\cdots,N$，空间上的划分定义为 $x_i=x_L+i\Delta x$ 以及当 $m=0,1,\cdots,M$ 时，时间上的划分定义为 $t^m=m\Delta t$。

方便起见，这里对式 (3.2.1) 中的相关参数分别记为：

$$\begin{aligned}u_m^i&=u(x_i,t^m)\\d_{+,i}^m&=d_{+}(x_i,t^m)\\d_{-,i}^m&=d_{-}(x_i,t^m)\\f_m^i&=f(x_i,t^m)\end{aligned}$$

对于空间分数阶导数的离散化，这里我们用 Grünwald 移位算子来近似逼近分数阶导数 [62,63]，即：

$$\frac{\partial^{\alpha} u(x,t)}{\partial_{+} x^{\alpha}} = \frac{1}{\Delta x^{\alpha}} \sum_{k=0}^{i+1} g_k^{(\alpha)} u_{i-k+1}^{(m)} + O(\Delta x)$$

$$\frac{\partial^{\alpha} u(x,t)}{\partial_{-} x^{\alpha}} = \frac{1}{\Delta x^{\alpha}} \sum_{k=0}^{N-i+2} g_k^{(\alpha)} u_{i+k-1}^{(m)} + O(\Delta x)$$

其中 $g_k^{(\alpha)}$ 表达式为式 (3.2.2) 中所定义，从而得到相应的隐式有限差分格式的表达式如下：

$$\frac{u_i^{(m)} - u_i^{(m-1)}}{\Delta t} = \frac{d_{+,i}^{(m)}}{\Delta x^{\alpha}} \sum_{k=0}^{i+1} g_k^{(\alpha)} u_{i-k+1}^{(m)} + \frac{d_{-,i}^{(m)}}{\Delta x^{\alpha}} \sum_{k=0}^{N-i+2} g_k^{(\alpha)} u_{i+k-1}^{(m)} + f_i^{(m)} \tag{3.2.4}$$

并且，这里的隐式有限差分格式是无条件稳定的。

假设 $\boldsymbol{u}^m = [u_1^m, u_2^m, \cdots, u_{N-1}^m]^{\mathrm{T}}$，$\boldsymbol{f}^m = [f_1^m, f_2^m, \cdots, f_{N-1}^m]^{\mathrm{T}}$，以及用$\boldsymbol{I}$ 表示 $N-1$ 阶的单位矩阵，则很容易将有限差分格式式 (3.2.4) 改写成矩阵形式，其表达式为：

$$\left(\frac{\Delta x^{\alpha}}{\Delta t}\boldsymbol{I} + \boldsymbol{A}^{(m)}\right) u^{(m)} = \frac{\Delta x^{\alpha}}{\Delta t} u^{(m-1)} + \Delta x^{\alpha} f^{(m)} \tag{3.2.5}$$

这里

$$\boldsymbol{A}^{(m)} = \boldsymbol{D}_{+}^{(m)} \boldsymbol{G}_{\alpha} + \boldsymbol{D}_{-}^{(m)} \boldsymbol{G}_{\alpha}^{\mathrm{T}} \tag{3.2.6}$$

其中

$$\boldsymbol{D}_{\pm}^{(m)} = \mathrm{diag}(d_{\pm,1}^{(m)}, \cdots, d_{\pm,N}^{(m)})$$

$$\boldsymbol{G}_{\alpha} = -\begin{bmatrix} g_1^{(\alpha)} & g_0^{(\alpha)} & 0 & \cdots & 0 & 0 \\ g_2^{(\alpha)} & g_1^{(\alpha)} & g_0^{(\alpha)} & 0 & \cdots & 0 \\ \vdots & g_2^{(\alpha)} & g_1^{(\alpha)} & \ddots & \ddots & \vdots \\ \vdots & \ddots & \ddots & \ddots & \ddots & 0 \\ g_{N-1}^{(\alpha)} & \ddots & \ddots & \ddots & g_1^{(\alpha)} & g_0^{(\alpha)} \\ g_N^{(\alpha)} & g_{N-1}^{(\alpha)} & \cdots & \cdots & g_2^{(\alpha)} & g_1^{(\alpha)} \end{bmatrix}_{N\times N} \tag{3.2.7}$$

我们注意到，矩阵 $\boldsymbol{G}_\alpha$ 是一个 Toeplitz 矩阵 [171-173]，系数矩阵 $\boldsymbol{A}^{(m)}$ 是一个满 Toeplitz 矩阵。当 $d_+ \neq d_-$ 时，矩阵 $\boldsymbol{A}^{(m)}$ 是非对称矩阵。由于矩阵 $\boldsymbol{A}^{(m)}$ 是 Toeplitz–like 形式的矩阵，因此其中的矩阵–向量乘运算可以通过快速傅里叶变换（FFTs）来得到，其计算量为 $O(N\lg(N))$[171]。设

$$v_{N,M} = \frac{\Delta x^\alpha}{\Delta t} = (x_R - x_L)^\alpha T^{-1} \frac{M}{(N+1)^\alpha} \tag{3.2.8}$$

显然，变量 $v_{N,M}$ 与时间步长和网格点数有关，则线性系统 (3.2.8) 可以表示成矩阵形式，即：

$$\boldsymbol{M}^{(m)} u^{(m)} = \boldsymbol{b}^{(m-1)} \tag{3.2.9}$$

这里系数矩阵 $M^{(m)}$ 为：

$$\boldsymbol{M}^{(m)} = \frac{\Delta x^\alpha}{\Delta t}\boldsymbol{I} + \boldsymbol{A}^{(m)} = v_{N,M}\boldsymbol{I} + \boldsymbol{D}_+^{(m)}\boldsymbol{G}_\alpha + \boldsymbol{D}_-^{(m)}\boldsymbol{G}_\alpha^{\mathrm{T}} \tag{3.2.10}$$

右端向量 $\boldsymbol{b}^{(m-1)}$ 为： $\boldsymbol{b}^{(m-1)} = \boldsymbol{v}_{N,M}(u^{(m-1)} + \Delta t \boldsymbol{f}^{(m)})$

引理 3.2.1[174] n 阶实矩阵 $\boldsymbol{A}$ 为正定矩阵的充要条件是它的对称部分矩阵 $\boldsymbol{H} = \dfrac{\boldsymbol{A} + \boldsymbol{A}^{\mathrm{T}}}{2}$ 是正定矩阵。

注：根据矩阵理论知识，我们很容易得出式 (3.2.9) 中的系数矩阵 $\boldsymbol{M}^{(m)}$ 是严格对角占优 $\boldsymbol{M}$ 矩阵 [168]，因此矩阵 $\dfrac{\boldsymbol{M}^{(m)} + \boldsymbol{M}^{(m)\mathrm{T}}}{2}$ 是可逆矩阵，从而其对称部分 $\dfrac{\boldsymbol{M}^{(m)} + \boldsymbol{M}^{(m)\mathrm{T}}}{2}$ 仍然是非奇异 $\boldsymbol{M}$-矩阵。众所周知，任何一个非奇异对称 $\boldsymbol{M}$-矩阵都是正定矩阵，更多的细节和理论，可参考相关文献 [122]。由引理 3.2.1 可得出矩阵 $\boldsymbol{M}^{(m)}$ 是正定矩阵。

3.2.2 HSS 迭代法以及预条件 HSS 迭代法

在这一节里，将具体介绍用 HSS 迭代方法求解 Toeplitz-like 线性系统 (见式 (3.2.9))，并建立预处理 HSS（PHSS）迭代算法来加速 HSS 迭代法求解 Toeplitz-like 线性系统的收敛速度。

引理 3.2.2[47] 设 $\boldsymbol{A} \in C^{n\times n}$ 是一正定矩阵，令矩阵 $\boldsymbol{H} = \dfrac{1}{2}(\boldsymbol{A} + \boldsymbol{A}^*)$ 和矩阵 $\boldsymbol{S} = \dfrac{1}{2}(\boldsymbol{A} - \boldsymbol{A}^*)$ 分别为矩阵 $\boldsymbol{A}$ 的 Hermitian 和 skew–Hermitian 部分，并设 β 是任意给定的正常数。则 HSS 迭代法的迭代矩阵 $\boldsymbol{M}(\beta)$ 有如下形式：

$$\boldsymbol{M}(\beta) = (\beta\boldsymbol{I}+\boldsymbol{S})^{-1}(\beta\boldsymbol{I}-\boldsymbol{H})(\beta\boldsymbol{I}+\boldsymbol{H})^{-1}(\beta\boldsymbol{I}-\boldsymbol{S})$$

以及它的谱半径 $\rho(\boldsymbol{M}(\beta))$ 上界为：

$$\sigma(\beta) \equiv \max_{\lambda_i \in \lambda(\boldsymbol{H})} \left|\frac{\beta-\lambda_i}{\beta+\lambda_i}\right|$$

这里 $\lambda(\boldsymbol{H})$ 是矩阵 $\boldsymbol{H}$ 的特征值集合，即：

$$\rho(\boldsymbol{M}(\beta)) \leqslant \sigma(\beta) < 1,\ \forall\beta > 0$$

则 HSS 迭代法收敛于线性系统 $\boldsymbol{A}x = b$ 唯一的解 x^*。

由于系统 (3.2.9) 中的系数矩阵 $\boldsymbol{M}^{(m)}$ 是正定矩阵，满足引理 3.2.2 的条件，因此可以用 HSS 迭代法来求解该正定线性系统。

设

$$\boldsymbol{H} = \frac{1}{2}(\boldsymbol{M}^{(m)} + \boldsymbol{M}^{(m)^{\mathrm{T}}}),\ \boldsymbol{S} = \frac{1}{2}(\boldsymbol{M}^{(m)} - \boldsymbol{M}^{(m)^{\mathrm{T}}})$$

分别为矩阵 $\boldsymbol{A}$ 的 Hermitian 和 skew-Hermitian 部分，则有 HSS 迭代法的具体迭代过程如下：

$$\begin{cases} (\beta\boldsymbol{I}+\boldsymbol{H})x_{k+\frac{1}{2}} = (\beta\boldsymbol{I}-\boldsymbol{S})x_k + \boldsymbol{b} & \text{(a)} \\ (\beta\boldsymbol{I}+\boldsymbol{S})x_{k+1} = (\beta\boldsymbol{I}-\boldsymbol{H})x_{k+\frac{1}{2}} + \boldsymbol{b} & \text{(b)} \end{cases} \quad (k=0,1,\cdots) \tag{3.2.11}$$

这里 x_0 是任意给定的初始向量。

在本章里，假定两个扩散项系数都是非负常数，即有：

$$d_{+,i}^{(m)} = d_+ \geqslant 0,\ d_{-,i}^{(m)} = d_- \geqslant 0$$

不等式成立，并且这两个扩散项系数还满足 $d_+ + d_- \neq 0$ 条件成立。根据式 (3.2.10) 中矩阵 $\boldsymbol{M}^{(m)}$ 的 Hermitian 和 skew-Hermitian 分裂，可得矩阵 $\boldsymbol{H}$ 和矩阵 $\boldsymbol{S}$ 的具体表达式如下：

$$\boldsymbol{H} = v_{N,M}\boldsymbol{I} + \frac{d_+ + d_-}{2}(\boldsymbol{G}_\alpha + \boldsymbol{G}_\alpha^{\mathrm{T}})$$
$$\boldsymbol{S} = \frac{d_+ - d_-}{2}(\boldsymbol{G}_\alpha - \boldsymbol{G}_\alpha^{\mathrm{T}})$$

在实际计算过程中，式 (3.2.11) 中的两个线性子系统都是通过迭代法来求解的。具体地，由于系数矩阵 $\beta\boldsymbol{I}+\boldsymbol{H}$ 是 Hermitian 正定矩阵，所以可以用 CG 迭代

法求解系数矩阵为 $\beta \boldsymbol{I} + \boldsymbol{H}$ 的线性子系统（a），以及用 CGNR 迭代法 [68] 求解系数矩阵为 $\beta \boldsymbol{I} + \boldsymbol{S}$ 的线性子系统（b）。由于矩阵 $\boldsymbol{G}_\alpha$ 是 Toeplitz 矩阵，因此，对于式 (3.2.11) 中的两个子线性系统，考虑建立一些循环预条件矩阵来加速 CG 迭代法和 CGNR 迭代法的收敛速度。本章主要讨论 Strang's 循环预条件矩阵 [172] 和 T. Chan's 循环预条件矩阵 [175]。

确切地，对于实 Toeplitz 矩阵 $\boldsymbol{T} = [t_{j-k}]_{0 \leqslant j,k < N}$，它所对应的 Strang's 循环矩阵形式如下：

$$s(\boldsymbol{T}) = [s_{j-k}]_{0 \leqslant j,k < N}$$

该循环矩阵的对角线元素 s_j 为

$$s_j = \begin{cases} t_j, & 0 \leqslant j < N/2 \\ 0, & j = N/2 \\ t_{j-N}, & N/2 < j < N \\ s_{j+N}, & 0 < -j < N \end{cases}$$

其中当 $j = N/2$ 时，要求 N 是偶数。

对于矩阵 $\boldsymbol{T} = [t_{j-k}]_{0 \leqslant j,k < N}$，它所对应的 T. Chan's 循环矩阵形式如下：

$$c(\boldsymbol{T}) = [c_{j-k}]_{0 \leqslant j,k < N}$$

该循环矩阵的对角线元素 c_k 为：

$$c_k = \begin{cases} \dfrac{(n-k)t_k + k t_{n-k}}{n}, & 0 \leqslant k \leqslant n-1 \\ c_{k+n}, & 0 < -k \leqslant n-1 \end{cases}$$

对于子系统（a），其对应的两种循环矩阵定义为：

$$\boldsymbol{P}_{s1} = (\beta + v_{N,M})\boldsymbol{I} + \frac{d_+ + d_-}{2}(s(\boldsymbol{G}_\alpha + \boldsymbol{G}_\alpha^{\mathrm{T}}))$$

$$\boldsymbol{P}_{c1} = (\beta + v_{N,M})\boldsymbol{I} + \frac{d_+ + d_-}{2}(c(\boldsymbol{G}_\alpha + \boldsymbol{G}_\alpha^{\mathrm{T}}))$$

对于子系统（b）所对应的两种循环矩阵分别为：

$$\boldsymbol{P}_{s2} = \beta \boldsymbol{I} + \frac{d_+ - d_-}{2}(s(\boldsymbol{G}_\alpha - \boldsymbol{G}_\alpha^{\mathrm{T}}))$$

$$\boldsymbol{P}_{c2} = \beta \boldsymbol{I} + \frac{d_+ - d_-}{2}(c(\boldsymbol{G}_\alpha - \boldsymbol{G}_\alpha^{\mathrm{T}}))$$

为方便起见，这里假设

$$\boldsymbol{J}_{H,N} = \boldsymbol{G}_\alpha + \boldsymbol{G}_\alpha^{\mathrm{T}}$$

$$\boldsymbol{J}_{S,N} = \boldsymbol{G}_\alpha - \boldsymbol{G}_\alpha^{\mathrm{T}}$$

则 $s(\boldsymbol{J}_{H,N})$ 和 $c(\boldsymbol{J}_{H,N})$ 的第一列元素分别为：

$$-\begin{pmatrix} 0 \\ g_2^{(\alpha)} - g_0^{(\alpha)} \\ g_3^{(\alpha)} \\ \vdots \\ g_{\lfloor \frac{N+1}{2} \rfloor}^{(\alpha)} \\ 0 \\ -g_{\lfloor \frac{N+1}{2} \rfloor}^{(\alpha)} \\ \vdots \\ -g_3^{(\alpha)} \\ -(g_2^{(\alpha)} - g_0^{(\alpha)}) \end{pmatrix}, \quad -\frac{1}{n}\begin{pmatrix} 0 \\ (n-1)(g_2^{(\alpha)} - g_0^{(\alpha)}) - g_N^{(\alpha)} \\ (n-2)g_3^{(\alpha)} - 2g_{N-1}^{(\alpha)} \\ \vdots \\ 2g_{N-1}^{(\alpha)} - (n-2)g_3^{(\alpha)} \\ g_N^{(\alpha)} - (n-1)(g_2^{(\alpha)} + g_0^{(\alpha)}) \end{pmatrix}$$

以及 $s(\boldsymbol{J}_{S,N})$ 和 $c(\boldsymbol{J}_{S,N})$ 的第一列元素分别为：

$$-\begin{pmatrix} 0 \\ g_2^{(\alpha)} - g_0^{(\alpha)} \\ g_3^{(\alpha)} \\ \vdots \\ g_{\lfloor \frac{N+1}{2} \rfloor}^{(\alpha)} \\ 0 \\ -g_{\lfloor \frac{N+1}{2} \rfloor}^{(\alpha)} \\ \vdots \\ -g_3^{(\alpha)} \\ -(g_2^{(\alpha)} - g_0^{(\alpha)}) \end{pmatrix}, \quad -\frac{1}{n}\begin{pmatrix} 0 \\ (n-1)(g_2^{(\alpha)} - g_0^{(\alpha)}) - g_N^{(\alpha)} \\ (n-2)g_3^{(\alpha)} - 2g_{N-1}^{(\alpha)} \\ \vdots \\ 2g_{N-1}^{(\alpha)} - (n-2)g_3^{(\alpha)} \\ g_N^{(\alpha)} - (n-1)(g_2^{(\alpha)} + g_0^{(\alpha)}) \end{pmatrix}$$

3.2.3　收敛性分析

在这一节里，针对式 (3.2.11) 中的两个线性子系统，我们首先对其进行预处理，讨论两个线性子系统所对应系数矩阵谱的性质。当用 CG 迭代法和 CGNR 迭代法求解这两个线性子系统时，提出用 Strang's 和 T. Chan's 两种循环预条件矩阵来加速线性子系统的收敛速度，并对迭代法的收敛速度进行分析。下面，先分析讨论用循环矩阵 $\boldsymbol{P}_{s1}$ 和循环矩阵 $\boldsymbol{P}_{c1}$ 预处理线性子系统（a）后的收敛性。众所周知，循环矩阵 $\boldsymbol{C}$ 可以通过傅里叶矩阵 $\boldsymbol{F}$ 将其对角化 [169]，这里傅里叶矩阵 $\boldsymbol{F}$ 可表示为：

$$\boldsymbol{F} = [\boldsymbol{F}_{j,k}]$$

$$\boldsymbol{F}_{j,k} = \frac{1}{\sqrt{N}}\mathrm{e}(2\pi i/N)(j-1)(k-1) \quad 1 \leqslant j,k \leqslant N$$

因此，我们有 $\boldsymbol{C} = \boldsymbol{F}^*\boldsymbol{\Lambda}_C\boldsymbol{F}$，这里 $\boldsymbol{\Lambda}_C$ 是对角矩阵，其对角线上元素分别为矩阵 $\boldsymbol{C}$ 的特征值。故当矩阵 $\boldsymbol{P}_{s1}$ 和矩阵 $\boldsymbol{P}_{c1}$ 的所有对角元素全部非零时，矩阵 $\boldsymbol{P}_{s1}$ 和矩阵 $\boldsymbol{P}_{c1}$ 都是可逆矩阵。

引理 3.2.3[68]　设 $s(\boldsymbol{G}_\alpha)$ 和 $s(\boldsymbol{G}_\alpha^{\mathrm{T}})$ 是矩阵 $\boldsymbol{G}_\alpha$ 和 $\boldsymbol{G}_\alpha$ 所对应的 Strang's 循环矩阵，则其所有特征值具有如下一些性质：

（1）循环矩阵 $s(\boldsymbol{G}_\alpha)$ 和 $s(\boldsymbol{G}_\alpha^{\mathrm{T}})$ 全部特征值的实部严格大于零。

（2）循环矩阵 $s(\boldsymbol{G}_\alpha)$ 和 $s(\boldsymbol{G}_\alpha^{\mathrm{T}})$ 全部特征值的绝对值是有界的，即对所有的 N，都有 $2\alpha < 4$ 成立。

引理 3.2.4　设 $1 < \alpha < 2$，$g_k^{(\alpha)}$ 如式 (3.2.2) 中所定义，$c(\boldsymbol{G}_\alpha)$ 和 $c(\boldsymbol{G}_\alpha^{\mathrm{T}})$ 是矩阵 $\boldsymbol{G}_\alpha$ 和 $\boldsymbol{G}_\alpha$ 所对应的 T. Chan's 循环矩阵，则循环矩阵 $c(\boldsymbol{G}_\alpha)$ 和 $c(\boldsymbol{G}_\alpha^{\mathrm{T}})$ 的所有特征值都落在如下开圆域内：

$$\{z \in \mathbb{C} : |z - \alpha| < \alpha\},\ \ i = 1, \cdots, N$$

证明　由数列 $\{g_k^{(\alpha)}\}$ 的性质，通过简单计算，我们很容易得出，循环矩阵 $c(\boldsymbol{G}_\alpha)$ 和 $c(\boldsymbol{G}_\alpha^{\mathrm{T}})$ 的 Gershgorin 圆都落在同一个圆域内，其中圆域的圆心为 $-g_1^{(\alpha)} = \alpha$，半径为：

$$\begin{aligned} R_i &= \frac{(N-1)g_2^{(\alpha)} + (N-2)g_3^{(\alpha)} + \cdots + 2g_{N-2}^{(\alpha)} + g_{N-1}^{(\alpha)} + (N-1)g_0^{(\alpha)}}{N} \\ &< \frac{N-1}{N}\sum_{k=0,k\neq 1}^{N} g_k^{(\alpha)} \end{aligned}$$

$$< \frac{N-1}{N} \sum_{k=0,k\neq 1}^{\infty} g_k^{(\alpha)}$$

$$= -\frac{N-1}{N} g_1^{(\alpha)} < \alpha$$

根据上述循环矩阵 $c(\boldsymbol{G}_\alpha)$ 和 $c(\boldsymbol{G}_\alpha^{\mathrm{T}})$ 特征值性质的推导过程，同理，可得有关循环矩阵 $c(\boldsymbol{G}_\alpha)$ 和 $c(\boldsymbol{G}_\alpha^{\mathrm{T}})$ 所有特征值的如下性质：

（1）矩阵 $c(\boldsymbol{G}_\alpha)$ 和 $c(\boldsymbol{G}_\alpha^{\mathrm{T}})$ 所有特征值的实部严格大于零。

（2）矩阵 $c(\boldsymbol{G}_\alpha)$ 和 $c(\boldsymbol{G}_\alpha^{\mathrm{T}})$ 所有特征值的绝对值是有界的，即对任意 N，都有 $2\alpha < 4$ 成立。

引理 3.2.5 设 $1 < \alpha < 2$ 和 $g_k^{(\alpha)}$ 为式 (3.2.2) 中所定义，则预条件矩阵 $\boldsymbol{P}_{s1}$ 和 $\boldsymbol{P}_{c1}$ 都是可逆矩阵，且有：

$$\left\|(\boldsymbol{P}_{s1})^{-1}\right\|_2 \leqslant \frac{1}{\beta}$$

$$\left\|(\boldsymbol{P}_{c1})^{-1}\right\|_2 \leqslant \frac{1}{\beta}$$

这里，$\|A\|_2$ 表示谱范数，即 $\|A\|_2 = \sqrt{r(A^{\mathrm{H}}A)}$ $(r(A) = \max|\lambda_i(A)|)$。

证明 设 $\Lambda_{\boldsymbol{P}_{s1}}$ 是对角矩阵，其对角元素为矩阵 $\boldsymbol{P}_{s1}$ 的全部特征值。由于：

$$\mathrm{Re}([\Lambda_{\boldsymbol{P}_{s1}}]_{kk}) > 0, \quad v_{N,M} > 0, \quad d_\pm \geqslant 0, \quad \beta > 0$$

我们得到：

$$|[\Lambda_{\boldsymbol{P}_{s1}}]_{kk}| \geqslant \mathrm{Re}([\Lambda_{\boldsymbol{P}_{s1}}]_{kk}) = \beta + v_{N,M} + d_+\mathrm{Re}([\Lambda_\alpha]_{kk}) + d_-\mathrm{Re}(\left[\bar{\Lambda}_\alpha\right]_{kk}) \geqslant \beta > 0$$

对每一个 $k = 1, \cdots, N$，则有 $\boldsymbol{P}_{s1}$ 是可逆的。并且，我们还可以得到：

$$\left\|(\boldsymbol{P}_{s1})^{-1}\right\|_2 = \frac{1}{\min\limits_{1\leqslant k\leqslant N} |[\Lambda_{\boldsymbol{P}_{s1}}]_{kk}|} \leqslant \frac{1}{\beta}$$

类似的，可以得到 $\left\|(\boldsymbol{P}_{c1})^{-1}\right\|_2 \leqslant \dfrac{1}{\beta}$ 成立。

为了研究预条件 CG 迭代法的收敛性，下面先介绍一下 Toeplitz 矩阵序列的生成函数 $\{J_{H,N}\}_{N=1}^{\infty}$。

假设

$$p(\theta) = \sum_{k=-\infty}^{\infty} a_k \mathrm{e}^{ik\theta}$$

这里 a_k 是矩阵 $J_{H,N}$ 的第 k 个对角元素。

则生成函数 $p(\theta)$ 属于 Wiener 类 [171,172]，当且仅当

$$\sum_{k=-\infty}^{\infty} |a_k| < \infty$$

因此对于矩阵 $\boldsymbol{J}_{H,N}$，我们有

$$p(\theta) = \sum_{k=-\infty}^{\infty} a_k \mathrm{e}^{ik\theta} = -\sum_{k=-1}^{\infty} g_{k+1}^{(\alpha)}(\mathrm{e}^{ik\theta} + \mathrm{e}^{-ik\theta})$$

引理 3.2.6　设 p 是矩阵序列 $\{\boldsymbol{J}_{H,N}\}_{N=1}^{\infty}$ 的生成函数，则有函数 p 是属于 Wiener 类的。

证明　文献 [68] 中有类似证明，故此处证明省略。

引理 3.2.7[176]　设 $p(\theta)$ 是属于 Wiener 类的一个函数。则对于任意的 $\varepsilon > 0$，都存在数 M，$N > 0$，使得对所有的 $n > N$，矩阵 $\boldsymbol{J}_{H,N} - s(\boldsymbol{J}_{H,N})$ 最多有 M 个特征值的绝对值大于 ε。

由于

$$\boldsymbol{P}_{s1}^{-1}(\beta\boldsymbol{I} + \boldsymbol{H}) - \boldsymbol{I} = \frac{d_+ + d_-}{2}\boldsymbol{P}_{s1}^{-1}(\boldsymbol{J}_{H,N} - s(\boldsymbol{J}_{H,N}))$$

由引理 3.2.5 和引理 3.2.7，我们有如下结论成立。

定理 3.2.1　设 $p(\theta)$ 是属于 Wiener 类的一函数。则对于任意的 $\varepsilon > 0$，都存在数 M，$N > 0$，使得对所有的 $n > N$，都有矩阵 $\boldsymbol{P}_{s1}^{-1}(\beta\boldsymbol{I} + \boldsymbol{H}) - \boldsymbol{I}$ 最多存在 M 个特征值的绝对值大于 ε。

引理 3.2.8[176]　设 $p(\theta)$ 是属于 Wiener 类的一函数。则

$$\lim_{n\to\infty} \rho[s(T_n) - c(T_n)] = 0$$

这里 $\rho[\cdot]$ 表示谱半径。

由定理 3.2.1 和引理 3.2.8，我们有：

推论　设 $p(\theta)$ 是属于 Wiener 类的一函数。则对于任意的 $\varepsilon > 0$，都存在数 M 和 $N > 0$，使得对所有的 $n > N$，都有矩阵 $\boldsymbol{P}_{c1}^{-1}(\beta\boldsymbol{I} + \boldsymbol{H}) - \boldsymbol{I}$ 最多存在 M 个特征值的绝对值大于 ε。

所以，当数 N 大于某一个比较大的数时，矩阵 $\boldsymbol{P}_{s1}^{-1}(\beta\boldsymbol{I}+\boldsymbol{H})$ 和矩阵 $\boldsymbol{P}_{c1}^{-1}(\beta\boldsymbol{I}+\boldsymbol{H})$ 的特征值几乎都聚集在 1 左右，故而当用伴随预条件矩阵 $\boldsymbol{P}_{s1}$ 和预条件矩阵 $\boldsymbol{P}_{c1}$ 来加速 CG 迭代法的收敛速度时，迭代法是超线性收敛于线性方程组 (3.2.11) 中线性子系统（a）的解。

下面，讨论用预条件矩阵 $\boldsymbol{P}_{s2}$ 和 $\boldsymbol{P}_{c2}$ 预处理线性子系统（b）的收敛性。由于 $\boldsymbol{J}_{S,N}^{\mathrm{T}}=-\boldsymbol{J}_{S,N}$，所以 $\boldsymbol{J}_{S,N}$ 所有特征值的实部都等于零，则我们可以得出如下结论成立。

引理 3.2.9 设 $1<\alpha<2$，$g_k^{(\alpha)}$ 为式 (3.2.2) 中所定义。则预条件矩阵 $\boldsymbol{P}_{s2}$ 和 $\boldsymbol{P}_{c2}$ 是可逆矩阵，并且有：

$$\left\|(\boldsymbol{P}_{s2})^{-1}\right\|_2\leqslant\frac{1}{\beta}$$

$$\left\|(\boldsymbol{P}_{c2})^{-1}\right\|_2\leqslant\frac{1}{\beta}$$

成立。

证明 设 $\Lambda_{\boldsymbol{P}_{s2}}$ 是对角矩阵，其对角线元素是矩阵 $\boldsymbol{P}_{s2}$ 的特征值。则对于 $\mathrm{Re}([\Lambda_{\boldsymbol{P}_{s2}}]_{kk})=\beta$，有：

$$|[\Lambda_{\boldsymbol{P}_{s2}}]_{kk}|\geqslant\mathrm{Re}([\Lambda_{\boldsymbol{P}_{s2}}]_{kk})=\beta>0$$

对每一个 $k=1,\cdots,N$ 都成立，这里，$\mathrm{Re}(z)$ 表示实部。因此，矩阵 $\boldsymbol{P}_{s2}$ 是可逆矩阵。进而我们还可得到下列不等式：

$$\left\|(\boldsymbol{P}_{s1})^{-1}\right\|_2=\frac{1}{\min\limits_{1\leqslant k\leqslant N}|[\Lambda_{\boldsymbol{P}_{s2}}]_{kk}|}\leqslant\frac{1}{\beta}$$

同理可得 $\left\|(\boldsymbol{P}_{c2})^{-1}\right\|_2\leqslant\dfrac{1}{\beta}$ 成立。

引理 3.2.10 设 $1<\alpha<2$ 以及 $0\leqslant d_{\pm}(x,t)\leqslant\tilde{d}$ 成立，则有：

$$\|\boldsymbol{P}_{s1}\|_2\leqslant\beta+8\tilde{d}$$

证明 由循环矩阵 $s(\boldsymbol{G}_\alpha)$ 和循环矩阵 $s(\boldsymbol{G}_\alpha^{\mathrm{T}})$ 特征值的性质 (见式 (3.2.2))，我们很容易得出下列不等式成立：

$$\begin{aligned}|[\Lambda_{\boldsymbol{P}_{s2}}]_{kk}| &= \left|\beta + \frac{d_+ - d_-}{2}([\Lambda_\alpha]_{kk} - [\overline{\Lambda}_\alpha]_{kk})\right| \\ &\leqslant \beta + \frac{d_+ + d_-}{2}(|[\Lambda_\alpha]_{kk}| + |[\overline{\Lambda}_\alpha]_{kk}|) \\ &< \beta + 8\tilde{d}\end{aligned}$$

对任意的 $k = 1, 2, \cdots, N$，则有：

$$\|\boldsymbol{P}_{s2}\|_2 = \max_{1 \leqslant k \leqslant N} |[\Lambda_{\boldsymbol{P}_{s2}}]_{kk}| \leqslant \beta + 8\tilde{d}$$

下面，进一步分析讨论预条件 CGNR 迭代法（PCGNR）求解方程组 (3.2.11) 中线性子系统（b）的收敛性。首先假定关于参数 θ 的函数 $q(\theta)$ 是 Toeplitz 矩阵 $\{\boldsymbol{J}_{S,N}\}_{N=1}^{\infty}$ 序列的生成函数，则有：

$$q(\theta) = \sum_{k=-\infty}^{\infty} b_k \mathrm{e}^{ik\theta}$$

这里 b_k 是矩阵 $\boldsymbol{J}_{S,N}$ 第 k 个对角元。

引理 3.2.11 假设 q 是矩阵序列 $\{\boldsymbol{J}_{S,N}\}_{N=1}^{\infty}$ 的生成函数，则有函数 q 是属于 Wiener 类的。

证明 由于

$$\sum_{k=-\infty}^{\infty} |b_k| = 2\sum_{k=-1}^{\infty} \left|g_{k+1}^{(\alpha)}\right| = 2\left(-2g_1^{(\alpha)} + \sum_{k=0}^{\infty} g_k^{(\alpha)}\right) = 4\alpha < \infty$$

则 q 是属于 Wiener 类的。

类似于定理 3.2.1，我们有下列结论成立。

引理 3.2.12 设 $q(\theta)$ 是属于 Wiener 类的生成函数。则对于任意的 $\varepsilon > 0$，都存在数 M 和 $N > 0$，使得对所有满足 $n > N$，矩阵 $\boldsymbol{P}^{-1}(\beta\boldsymbol{I} + \boldsymbol{S}) - \boldsymbol{I}$ 最多有 M 个特征值的绝对值大于 ε。这里 $\boldsymbol{P} = \boldsymbol{P}_{s2}$ 或者 $\boldsymbol{P}_{c2}$。类似于文献 [68] 中定理的证明，可得下面定理成立。

定理 3.2.2 对于任意的 $\varepsilon > 0$，都存在数 M' 和 $N' > 0$，使得对所有满足 $n > N'$，矩阵 $(\boldsymbol{P}^{-1}(\beta\boldsymbol{I} + \boldsymbol{S}))^{\mathrm{T}}\boldsymbol{P}^{-1}(\beta\boldsymbol{I} + \boldsymbol{S}) - \boldsymbol{I}$ 最多有 $2M'$ 个特征值的绝对值大于 3ε。这里 $\boldsymbol{P} = \boldsymbol{P}_{s2}$ 或者 $\boldsymbol{P}_{c2}$。

注意到

$$(\beta \boldsymbol{I}+\boldsymbol{S})(\beta \boldsymbol{I}+\boldsymbol{S})^{\mathrm{T}}=\beta^2 \boldsymbol{I}+\left(\frac{d_{+}-d_{-}}{2}\right)^2 \boldsymbol{J}_{S,N} J_{S,N}^{\mathrm{T}}$$

则有 $\sigma_{\min}(\beta \boldsymbol{I}+\boldsymbol{S}) \geqslant \beta$。

因此，我们有：

$$\sigma_{\min}(\boldsymbol{P}^{-1}(\beta \boldsymbol{I}+\boldsymbol{S})) \geqslant \frac{\sigma_{\min}(\beta \boldsymbol{I}+\boldsymbol{S})}{\|\boldsymbol{P}\|_2} \geqslant \frac{\beta}{\beta+8\tilde{d}}>0$$

这里 $\boldsymbol{P}=\boldsymbol{P}_{s2}$ 或者 $\boldsymbol{P}_{c2}$。因此，用 PCGNR 迭代法求解方程组 (3.2.11) 中的子系统（b）是超线性收敛的。

3.3 数值实验

在这一节里，通过数值实验来验证所提预处理 Hermitian 和 skew-Hermitian 分裂迭代法求解分数阶扩散方程 (3.2.1) 的有效性和可行性。

在下面的数值实验中，我们分别用两种迭代法来求解线性系统 (3.2.9)。一种是本章所提出的预条件 HSS 迭代法（PHSS）（见式 (3.2.11)），另一种是双共轭梯度（FBICGSTAB）迭代法 [21]。在用迭代法求解线性系统的过程中，对于任一向量 v，对应的矩阵–向量乘 Av 运算都是通过快速傅里叶变换 [177] 而得到的，其运算量为 $O(N\lg N)$。

在实验结果中，我们主要比较了两种不同方法所得到的近似解与方程组的真解之间的误差以及迭代过程中所消耗的运行时间。其中这里的误差是指无穷范数意义下的近似误差，对于式 (3.2.9) 的真解，可以通过调用 MATLAB 命令 inv($\boldsymbol{M}^{(m)}$) $b^{(m-1)}$ 所得解近似作为原方程的真解。

对于 FBICGSTAB 迭代法，迭代的循环停止标准是：

$$\frac{\left\|r^{(k)}\right\|_2}{\left\|r^{(0)}\right\|_2}<10^{-7}$$

这里 $r^{(k)}$ 表示迭代经过 k 次循环后线性系统的残余向量。在每次的时间步长里，初始向量都选为零向量。

例 3.3.1 在空间领域 $[x_L,x_R]=[0,1]$ 以及时间区间 $[0,T]=[0,1]$ 里，考察分数阶扩散方程式 (3.2.1)。其中扩散项系数分别设为 $d_{+}=0.8$，$d_{-}=0.4$，初始条件预设为：

$$u(x,0)=\exp\left(-\frac{(x-x_c)^2}{2\sigma^2}\right) \quad (x_c=1.5,\ \sigma=0.06)$$

以及源项 $f(x,t) \equiv 0$。根据不同的 α 和 N，在表 3-1 中列出了例 3.3.1 的部分数值结果。从表 3-1 中，我们很容易观察到，对于 FBICGSTAB，HSS 以及 PHSS 三种迭代法，随着参数 α 取值的不断增大，迭代法所得近似解与真解之间的误差也随之增大。但从运行时间和误差方面比较发现，HSS 和 PHSS 迭代法比 FBICGSTAB 迭代法有效。同时，随着参数 α 的逐渐增大，虽然 HSS 迭代法的误差比 PHSS 迭代法的误差小，但 HSS 迭代法所需的运行时间比 PHSS 迭代法对应的运行时间稍大。当利用 Strang's 循环预条件矩阵和 T. Chan's 循环预条件矩阵来加速线性子系统的求解时，两种预条件矩阵所对应的误差相差无几。但在多数情况下，Strang's 预条件矩阵所对应的运行时间比 T. Chan's 预条件矩阵所对应的运行时间小，从而更快更有效地加速了 Hermitian 和 skew-Hermitian 迭代法的收敛速度。

表 3-1 例 3.3.1 中 FBICGSTAB 迭代法和 PHSS 迭代法的误差和运行时间比较

α	N	M	F		I		S		C	
			运行时间	误差	运行时间	误差	运行时间	误差	运行时间	误差
1.2	2^6	33	0.2320	1.34×10^{-2}	0.1306	6.81×10^{-3}	0.0492	9.12×10^{-3}	0.0782	9.12×10^{-3}
	2^7	74	0.3233	8.78×10^{-3}	0.1712	4.13×10^{-3}	0.1267	5.49×10^{-3}	0.1478	5.49×10^{-3}
	2^8	170	0.7607	5.54×10^{-3}	0.5129	3.88×10^{-3}	0.3407	4.99×10^{-3}	0.4002	4.99×10^{-3}
	2^9	389	2.3045	3.47×10^{-3}	1.3612	2.09×10^{-3}	1.0666	2.77×10^{-3}	1.1223	2.77×10^{-3}
	2^{10}	892	6.5823	2.16×10^{-3}	4.3186	8.27×10^{-4}	2.7359	1.21×10^{-3}	3.0264	1.21×10^{-3}
1.5	2^6	93	0.3789	2.72×10^{-3}	0.2722	7.77×10^{-4}	0.1601	1.88×10^{-3}	0.2153	1.95×10^{-3}
	2^7	259	0.8723	1.38×10^{-3}	0.8191	4.30×10^{-4}	0.4719	1.19×10^{-3}	0.3522	1.20×10^{-3}
	2^8	728	2.0175	6.94×10^{-4}	2.2083	1.79×10^{-4}	0.7042	5.03×10^{-4}	0.6684	5.03×10^{-4}
	2^9	2054	4.5122	3.49×10^{-4}	5.7062	9.99×10^{-5}	3.4214	3.06×10^{-4}	3.5810	3.06×10^{-4}
1.8	2^6	263	0.8062	5.54×10^{-4}	0.7301	3.00×10^{-5}	0.5602	1.87×10^{-4}	0.5241	2.72×10^{-4}
	2^7	904	2.0688	2.26×10^{-4}	2.4404	3.43×10^{-6}	1.1577	1.75×10^{-4}	1.3492	2.21×10^{-4}
	2^8	3126	5.3755	9.24×10^{-5}	4.8508	1.61×10^{-6}	4.0678	8.83×10^{-5}	4.1428	1.05×10^{-4}
	2^9	10847	52.408	3.71×10^{-5}	20.062	5.44×10^{-7}	15.749	3.80×10^{-5}	16.429	3.80×10^{-5}

注：1. F 表示 FBICGSTAB 迭代法；I 表示 HSS 迭代法；C 表示以 T. Chan's 循环矩阵作为预条件矩阵的 PHSS 迭代法；S 表示以 Strang's 循环矩阵作为预条件矩阵的 PHSS 迭代法；参数 β 预设为 0.5。

2. 所有的数值实验，都是利用 MATLAB R2010a 进行的。

例 3.3.2 在空间领域 $[x_L, x_R] = [0, 1]$ 以及时间区间 $[0, T] = [0, 1]$ 里，考察分数阶扩散方程式 (3.2.1)。其中扩散项系数分别设为 $d_+ = 0.6$ 和 $d_- = 0.2$，初始条件假定为：

$$u(x, 0) = 4x^2(2 - x)^2$$

以及源项设为 $f(x, t) \equiv 0$。

表 3-2 中，同样根据不同的 α 和 N 取值，列出例 3.3.2 的部分数值结果。当 α 增大时，这些迭代法对应的误差逐渐变小，但是算法所得近似解的精确性比例 3.3.1 中的精确性要高。同例 3.3.1 中结果相似，HSS 和 PHSS 迭代法的数值结果比 FBICGSTAB 迭代法有效。然而，在这个例子中，从运行时间和误差方面来看，PHSS 迭代法比 HSS 迭代法更优。

表 3-2 例 3.3.2 中 FBICGSTAB 迭代法和 PHSS 迭代法的误差和运行时间比较

α	N	M	F		I		S		C	
			运行时间	误差	运行时间	误差	运行时间	误差	运行时间	误差
1.2	2^6	33	0.1716	2.39×10^{-1}	0.1545	3.92×10^{-2}	0.0578	1.13×10^{-1}	0.0597	1.13×10^{-1}
	2^7	74	0.3584	1.52×10^{-1}	0.3060	5.64×10^{-3}	0.1513	3.13×10^{-2}	0.1378	3.13×10^{-2}
	2^8	170	0.7642	9.38×10^{-2}	0.7007	3.23×10^{-3}	0.3986	4.07×10^{-2}	0.2256	4.07×10^{-2}
	2^9	389	1.8301	5.81×10^{-2}	1.7486	5.92×10^{-3}	1.1110	1.86×10^{-2}	1.1245	1.86×10^{-2}
	2^{10}	892	5.4337	3.59×10^{-3}	4.4770	1.22×10^{-2}	4.3314	4.95×10^{-3}	2.1198	4.95×10^{-3}
1.5	2^6	93	0.4024	8.44×10^{-2}	0.3100	3.35×10^{-2}	0.1712	5.34×10^{-2}	0.1628	5.34×10^{-2}
	2^7	259	0.9263	4.26×10^{-2}	0.7714	8.17×10^{-3}	0.4650	2.04×10^{-2}	0.4723	2.04×10^{-2}
	2^8	728	2.7153	2.14×10^{-2}	2.7880	1.61×10^{-3}	1.5982	6.90×10^{-3}	2.0772	6.90×10^{-3}
	2^9	2054	8.9971	1.08×10^{-2}	11.099	1.03×10^{-3}	5.6447	5.12×10^{-3}	5.2673	5.12×10^{-3}
1.8	2^6	263	0.9074	2.52×10^{-2}	0.6721	1.24×10^{-2}	0.4404	1.61×10^{-2}	0.4676	1.61×10^{-2}
	2^7	904	2.8847	1.03×10^{-2}	2.6959	5.71×10^{-3}	1.4158	7.91×10^{-3}	1.4843	7.91×10^{-3}
	2^8	3126	11.430	4.22×10^{-3}	8.3828	2.27×10^{-3}	4.1247	3.19×10^{-3}	4.1375	3.19×10^{-3}

注：1. F 表示 FBICGSTAB 迭代法；I 表示 HSS 迭代法；C 表示以 T. Chan's 循环矩阵作为预条件矩阵的 PHSS 迭代法；S 表示以 Strang's 循环矩阵作为预条件矩阵的 PHSS 迭代法；参数 β 预设为 0.5。

2. 所有的数值实验，都是利用 MATLAB R2010a 进行的。

3.4 本章小结

在本章里，我们提出了预处理 Hermitian 和 skew-Hermitian 分裂迭代方法用于求解常系数分数阶扩散方程。当用 Hermitian 和 skew-Hermitian 分裂迭代求解时，产生了两个线性子系统。对于这两个线性子系统，分别用预处理 Krylov 子空间法来近似求解，同时还分析了迭代法的超线性收敛性。数值实验进一步验证了本章所提迭代法对于求解常系数分数阶扩散方程是有效的。

本章研究的是常系数分数阶扩散方程，对于用预处理 Hermitian 和 skew-Hermitian 分裂迭代法求解变系数分数阶扩散方程，这将是我们未来所要研究的内容之一。

4 带位移线性系统预处理子的更新技术研究

对于带位移线性系统序列的更新预处理技术问题，本章根据矩阵的 LDU 分解技术来讨论这一更新预处理技术问题，并提出一种新的修正策略来更新预条件矩阵。这种预处理技术，思想上是受到代数理论的启发，基于矩阵 $\boldsymbol{A}$ 的 LDU 分解，根据不同的位移矩阵，通过修正严格下三角矩阵 $\boldsymbol{L}$ 和严格上三角矩阵 $\boldsymbol{U}$ 中的元素来更新每个带位移线性系统所对应的预处理子。该技术推广了文献 [1] 中预处理子的更新技术，并通过理论分析证明了该方法的收敛性。最后数值实验表明，当参数 α 取值在一个比较大的范围内时，所提的预处理技术是有效的。

4.1 引言

给定形如

$$(\boldsymbol{A}+\alpha\boldsymbol{I})x=\boldsymbol{b} \tag{4.1.1}$$

的带位移线性系统，其中矩阵 $\boldsymbol{A}\in R^{n\times n}$ 是一个非奇异稀疏矩阵；$\boldsymbol{I}\in R^{n\times n}$ 表示单位矩阵；位移参数 $\alpha>0$。

在实际应用中，有许多问题都归结于求解形如式 (4.1.1) 的带位移线性系统。如计算流体力学、结构动力学 [178,179]、数值最优化问题、大型稀疏特征值的计算 [180]、Helmholtz 方程、控制论及频率响应计算 [181-183] 以及其他学科和工程计算领域中。关于这些问题的实际背景和描述，可详见相关文献 [184-187]。本章里，主要考虑如何去构造一个有效的预处理子，并结合 Krylov 子空间法来求解该带位移线性系统的解。

在实际计算中，为了加速用迭代法求解线性系统 (4.1.1) 的收敛速度，经常会考虑构造相应的预条件子来加速其收敛速度。但同时又有这样一个问题，对于变换的位移参数 $\boldsymbol{P}_\alpha$，我们该如何快速有效地构造出系数矩阵 $\boldsymbol{A}+\alpha\boldsymbol{I}$ 的预条件子 $\boldsymbol{P}_\alpha$。

并且随着数据的不断增大，系数矩阵 $\boldsymbol{A}+\alpha\boldsymbol{I}$ 的结构也相应变得越来越稀疏。当位移参数 α 变换时，系数矩阵 $\boldsymbol{A}+\alpha\boldsymbol{I}$ 的性态也随之改变。并且，当位移参数 α 取值比较小时，用同一预条件子来处理不同的系数矩阵时，效果相差不大。但当位移参数 α 取值比较大时，每次根据系数矩阵 $\boldsymbol{A}+\alpha\boldsymbol{I}$ 都重新去构造新的预条件子又非常耗时。

为了避免上述矛盾，本章中，首先构造一个合适的种子预条件子，随着参数 α 的变换，试图通过对种子预条件子的修正，从而构造出对应于新系数矩阵 $\boldsymbol{A}+\alpha\boldsymbol{I}$ 的预条件子。尽管这样修正所得的预条件子可能会比重新构造预条件子的收敛速度慢，但从整体上来说如果能够显著降低其运算量，那么修正的预条件子正是我们所期望的预条件子。

对于大型稀疏型带位移线性系统的预条件子的更新技术，已有很多学者对此问题进行了深入地研究和讨论 [70,71,73,76,188-197]。这些更新技术的主要思想是充分利用前面带位移线性系统系数矩阵的相关信息，从而很容易地构造出当前系统的有效预条件子。这种更新技术代替了重新构造新预条件子的过程，从而有效地加快了算法的收敛速度。

例如，在求解 Parabolic 偏微分方程时，Benzi 等人 [70] 首先提出了对对角元素进行近似更新的方法来构造预处理子，并将这种构造预处理子的方法推广到复对称线性系统预处理子的更新方法 [71]。特别地，Meurant 等人 [75] 提出了更新对称正定带位移线性系统的预处理子，并且文献 [1] 进一步讨论了对称不定带位移线性系统的预处理子的更新问题。基于矩阵 $\boldsymbol{A}+\alpha\boldsymbol{I}$ 的不完全 LDU 分解，对于大型非线性系统，Bellavia 等人 [195] 提出了一种通过对对角元素进行逼近的修正方法来构造预处理子，并进一步分析讨论了当系数矩阵为非对称 Jacobi 矩阵时的一种新的预处理逼近技术 [198]。

受文献 [1] 中构造预处理子思想的启发，本章中，我们提出了一种新的更新预处理子的方法，以便有效地加快非奇异稀疏带位移线性系统的求解。本章的结构安排如下：首先，对预条件子的更新思想和方法进行详细描述，并进行分析讨论，从而提出一种新的预处理子；其次，对所构造的预条件子的一些性质展开讨论，进而分析预证明预处理后带位移线性系统的收敛性；接着，用数值实验来验证前面所提出的预处理子的加速效果以及预条件子谱的性质。数值实验表明，在求解带位移线性系统中，所提出的预条件子的更新策略加速和改进了文献 [1] 中预条件子的收敛速度；最后对本章所提出的预条件子的更新方法给予简要的总结和展望。

4.2　更新预条件子技术

本节里，将对更新预条件子的基本思路进行详细推导，并对该更新预条件子的收敛性及其性质进行分析讨论。

4.2.1　更新思想

在这一节里，我们将具体描述如何更新预条件子的过程，从而提出一种新的构造预条件矩阵的思想。从构造过程很容易得出，这里所构造的新预条件矩阵是可逆矩阵。本章中，我们假定矩阵 $\boldsymbol{A}$ 的 $\boldsymbol{LDU}$ 分解总是存在的，这里矩阵 $\boldsymbol{L}$ 是单位下三角矩阵，矩阵 $\boldsymbol{U}$ 是单位上三角矩阵以及矩阵 $\boldsymbol{D}$ 是对角矩阵，并且 $\boldsymbol{D}$ 的对角线上的元素都是正的。下面，就对如下几个问题分别展开讨论：首先，从理论上，我们应该如何去更新预条件子，使得构造出的预条件子尽可能有效地加速带位移线性系统的求解。其次，更新的预条件子在实际计算中是否很容易得出，对带位移线性系统的加速求解是否有效，以及更新的预条件子具体表达式是什么？

对于带位移线性系统 (见式 (4.1.1))，假定 $\boldsymbol{LDU}$ 是矩阵 $\boldsymbol{A}$ 的精确分解，即 $\boldsymbol{A}=\boldsymbol{LDU}$。我们发现，当位移参数 $\alpha\boldsymbol{I}$ 改变时，位移矩阵 $\boldsymbol{A}+\alpha\boldsymbol{I}$ 仅仅改变了矩阵 $\boldsymbol{A}$ 中对角线上的元素，而矩阵 $\boldsymbol{A}$ 的其他元素未发生改变。并且随着位移参数 $\alpha\boldsymbol{I}$ 取值的不断增大，位移矩阵 $\boldsymbol{A}+\alpha\boldsymbol{I}$ 对矩阵 $\boldsymbol{A}$ 的影响也相应变大。根据位移参数 $\alpha\boldsymbol{I}$ 对矩阵 $\boldsymbol{A}$ 中对角线上元素值的影响，可以试图通过修正 $\boldsymbol{A}$ 的对角元上的值而达到。因此，自然构想出如下形式的预条件矩阵 $\widetilde{\boldsymbol{P}}_\alpha$：

$$\widetilde{\boldsymbol{P}}_\alpha=(\boldsymbol{L}+\boldsymbol{E})\boldsymbol{DU}$$

其中，$\boldsymbol{E}=\mathrm{diag}(e_{11},e_{22},\cdots,e_{nn})$ 是待定的对角矩阵。

设矩阵 $\widetilde{\boldsymbol{P}}_\alpha$ 和矩阵 $\boldsymbol{A}+\alpha\boldsymbol{I}$ 的对角元对应相等，即：

$$(\widetilde{\boldsymbol{P}}_\alpha)_{ii}=(\boldsymbol{A}+\alpha\boldsymbol{I})_{ii}\quad(i=1,2,\cdots,n)$$

则有下面的等式成立：

$$\sum_{k=1}^{i-1}l_{ik}d_{kk}u_{kj}+(1+e_{ii})d_{ii}=\sum_{k=1}^{i-1}l_{ik}d_{kk}u_{kj}+d_{ii}+\alpha \tag{4.2.1}$$

即

$$e_{ii}=\frac{\alpha}{d_{ii}}\quad(1\leqslant i\leqslant n) \tag{4.2.2}$$

注意到

$$\lim_{\alpha\to 0} e_{ii} = 0, \quad \lim_{\alpha\to +\infty} e_{ii} = \infty \tag{4.2.3}$$

并且，矩阵 $\widetilde{\boldsymbol{P}}_\alpha$ 的非对角线元素满足:

$$(\widetilde{\boldsymbol{P}}_\alpha)_{ij} = \begin{cases} \sum_{k=1}^{j-1} l_{ik}d_{kk}u_{kj} + l_{ij}d_{jj} & (i > j) \\ \sum_{k=1}^{i-1} l_{ik}d_{kk}u_{kj} + (1+e_{ii})d_{ii}u_{ij} & (i < j) \end{cases} \tag{4.2.4}$$

由式 (4.2.3) 可得

$$\lim_{\alpha\to +\infty} (\widetilde{\boldsymbol{P}}_\alpha)_{ij} = \infty$$

$$\lim_{\alpha\to +\infty} (\widetilde{\boldsymbol{P}}_\alpha)_{ij} - (\boldsymbol{A}+\alpha\boldsymbol{I})_{ij} = \infty \quad (i \neq j)$$

也就是说，在迭代过程中，随着位移参数 α 的不断增大，修正后的预条件矩阵 $\widetilde{\boldsymbol{P}}_\alpha$ 与系数矩阵 $\boldsymbol{A}+\alpha\boldsymbol{I}$ 的非对角线元素之间的差距也就随之增大。因此，有理由认为，随着位移参数 α 的无限增大，更新后的预条件矩阵 $\widetilde{\boldsymbol{P}}_\alpha$ 应该不是矩阵 $\boldsymbol{A}+\alpha\boldsymbol{I}$ 的最佳近似。

为了解决预条件矩阵 $\widetilde{\boldsymbol{P}}_\alpha$ 的上述缺点，下面换一种思路来考虑这个问题。我们首先降低条件，使得预处理矩阵的对角元素与位移矩阵 $\boldsymbol{A}+\alpha\boldsymbol{I}$ 的对角元素值相等，根据这一假定条件，从而重新构造出位移矩阵 $\boldsymbol{A}+\alpha\boldsymbol{I}$ 新的预条件矩阵 $\boldsymbol{P}_\alpha$，其具体表达式如下：

$$\boldsymbol{P}_\alpha = (\boldsymbol{L}+\boldsymbol{E})\boldsymbol{D}(\boldsymbol{U}+\boldsymbol{F}) \tag{4.2.5}$$

这里矩阵 $\boldsymbol{E} = \mathrm{diag}(e_{11}, e_{22}, \cdots, e_{nn})$ 中的元素满足式 (4.2.2)。

假设式 (4.2.5) 中的矩阵 $\boldsymbol{F} = (f_{ij})$ 是严格上三角矩阵，并假定矩阵 $\boldsymbol{F}$ 的非对角元素定义如下：

$$f_{ij} = \gamma_i u_{ij} \quad (1 \leqslant i \leqslant n-1, \quad i < j \leqslant n) \tag{4.2.6}$$

其中

$$\gamma_i = -\frac{e_{ii}}{1+e_{ii}} \tag{4.2.7}$$

注意到，对任意的 i，都有：

$$\lim_{\alpha\to 0}\gamma_i=0,\quad \lim_{\alpha\to+\infty}\gamma_i=-1 \tag{4.2.8}$$

成立。

注：在文献 [1] 中，预条件矩阵 $\boldsymbol{P}_\alpha$ 的形式为 $\boldsymbol{P}_\alpha=(\boldsymbol{L}+\boldsymbol{E}+\boldsymbol{F})\boldsymbol{D}(\boldsymbol{U}+\boldsymbol{E}+\boldsymbol{F})$，而我们所建立的预条件矩阵的形式为 $\boldsymbol{P}_\alpha=(\boldsymbol{L}+\boldsymbol{E})\boldsymbol{D}(\boldsymbol{U}+\boldsymbol{F})$。从形式上很容易得出，本章所提出的构造预条件矩阵的方法，简化了文献 [1] 中预条件子的结构，从而优化了预条件子的矩阵结构，后面的数值实验也验证了本章所提预条件子的有效性。

4.2.2 收敛性分析

在这一节里，首先分别讨论预条件矩阵 $\boldsymbol{P}_\alpha$ 与系数矩阵 $\boldsymbol{A}+\alpha\boldsymbol{I}$ 之间的近似程度，以及修正后的预条件矩阵 $\boldsymbol{P}_\alpha$ 的性质，进而对预处理后的位移线性系统的收敛性进行分析讨论。

由式 (4.2.5) 很容易得到：

$$\begin{aligned}
(\boldsymbol{P}_\alpha)_{ii}&=\sum_{k=1}^{i-1}(1+\gamma_k)l_{ik}d_{kk}u_{ki}+(1+e_{ii})d_{ii}\\
(\boldsymbol{P}_\alpha)_{ij}&=\sum_{k=1}^{j-1}(1+\gamma_k)l_{ik}d_{kk}u_{kj}+l_{ij}d_{jj}\quad (i>j)\\
(\boldsymbol{P}_\alpha)_{ij}&=\sum_{k=1}^{i-1}(1+\gamma_k)l_{ik}d_{kk}u_{kj}+(1+e_{ii})(1+\gamma_j)d_{ii}u_{ij}\quad (i<j)
\end{aligned} \tag{4.2.9}$$

和

$$\begin{aligned}
(\boldsymbol{A}+\alpha\boldsymbol{I})_{ii}&=\sum_{k=1}^{i-1}l_{ik}d_{kk}u_{ki}+d_{ii}+\alpha\\
(\boldsymbol{A}+\alpha\boldsymbol{I})_{ij}&=\sum_{k=1}^{j-1}l_{ik}d_{kk}u_{kj}+l_{ij}d_{jj}\quad (i>j)\\
(\boldsymbol{A}+\alpha\boldsymbol{I})_{ij}&=\sum_{k=1}^{i-1}l_{ik}d_{kk}u_{kj}+d_{ii}u_{ij}\quad (i<j)
\end{aligned} \tag{4.2.10}$$

设 $\Delta=\boldsymbol{P}_\alpha-(\boldsymbol{A}+\alpha\boldsymbol{I})$。根据式（4.2.9）和式（4.2.10），通过简单计算，可得误差矩阵 Δ 中元素的具体表达式：

$$\begin{aligned}
&(\Delta)_{ii}=\sum_{k=1}^{i-1}\gamma_k l_{ik}d_{kk}u_{ki}\\
&(\Delta)_{ij}=\sum_{k=1}^{j-1}\gamma_k l_{ik}d_{kk}u_{kj}\quad (i>j)\\
&(\Delta)_{ij}=\sum_{k=1}^{i-1}\gamma_k l_{ik}d_{kk}u_{kj}+[(1+e_{ii})(1+\gamma_j)-1]d_{ii}u_{ij}\quad (i<j)
\end{aligned}\tag{4.2.11}$$

定理 4.2.1 假设对所有的变量 $i=1,2,\cdots,n$，位移参数 α 满足 $\alpha\neq-d_{ii}$。矩阵 $\boldsymbol{A}\in R^{n\times n}$ 是非奇异矩阵以及预条件矩阵 $\boldsymbol{P}_\alpha$ 为式 (4.2.5) 中所定义。则误差矩阵 $\Delta=\boldsymbol{P}_\alpha-(\boldsymbol{A}+\alpha\boldsymbol{I})$ 满足：

$$\lim_{\alpha\to0}||\Delta||_\infty=0,\quad \lim_{\alpha\to\infty}||\Delta||_\infty<C \tag{4.2.12}$$

这里 C 是一常数；$\|\Delta\|_\infty$ 表示无穷范数。

证明 由式 (4.2.3)、式 (4.2.8) 以及式 (4.2.11)，可得定理结论成立。

由定理 4.2.1，进而可得关于预条件矩阵 $\boldsymbol{P}_\alpha$ 的如下性质：

推论 设预条件矩阵 $\boldsymbol{P}_\alpha$ 为式 (4.2.5) 中所定义，则有等式：

$$\begin{aligned}
&\lim_{\alpha\to0}(P_\alpha)_{ij}=a_{ij}\quad (1\leqslant i,j\leqslant n)\\
&\lim_{\alpha\to\infty}\frac{(P_\alpha)_{ij}}{\alpha+d_{ii}}=1\quad (1\leqslant i\leqslant n)\\
&\lim_{\alpha\to\infty}(P_\alpha)_{ij}=d_{ii}u_{ij}\quad (1\leqslant i\leqslant n-1,\ i<j\leqslant n)\\
&\lim_{\alpha\to\infty}(P_\alpha)_{ij}=l_{ij}d_{jj}\quad (2\leqslant i\leqslant n,\ 1\leqslant j<i)
\end{aligned}\tag{4.2.13}$$

成立。

证明 根据误差矩阵 Δ 的表达式：

$$\Delta=\boldsymbol{P}_\alpha-(\boldsymbol{A}+\alpha\boldsymbol{I})$$

以及式 (4.2.12) 中误差矩阵 Δ 的性质，即：

$$\lim_{\alpha \to 0} \|\varDelta\|_\infty = 0$$

可得

$$\lim_{\alpha \to 0} (P_\alpha)_{ii} = a_{ij}$$

如果 $1 \leqslant i \leqslant n$，由式 (4.2.2) 得：

$$\alpha = e_{ii} d_{ii}$$

成立，从而有：

$$\lim_{\alpha \to \infty} (P_\alpha)_{ii} = \lim_{\alpha \to 0} (1 + e_{ii}) d_{ii} = \alpha + d_{ii}$$

成立，因此有：

$$\lim_{\alpha \to \infty} \frac{(P_\alpha)_{ij}}{\alpha + d_{ii}} = 1$$

若 $i < j \leqslant n$，由式 (4.2.7) 和式 (4.2.9) 可得：

$$\lim_{\alpha \to \infty} (P_\alpha)_{ij} = \lim_{\alpha \to \infty} (1 + e_{ii})(1 + \gamma_i) d_{ii} u_{ij} = d_{ii} u_{ij}$$

若 $i > j \geqslant 1$，由式 (4.2.8) 可得：

$$\lim_{\alpha \to \infty} (P_\alpha)_{ij} = \lim_{\alpha \to \infty} \left(\sum_{k=1}^{j-1} (1 + \gamma_k) l_{ik} d_{kk} u_{kj} + l_{ij} d_{jj} \right) = l_{ij} d_{jj}$$

综上所述，可得结论成立。

定理 4.2.2 假设对所有的变量 $i = 1, 2, \cdots, n$，位移参数 α 满足条件 $\alpha \neq -d_{ii}$ 成立。如果误差矩阵 $\varDelta$ 的秩为 $n - k$，则矩阵 $\boldsymbol{P}_\alpha^{-1}(\boldsymbol{A} + \alpha \boldsymbol{I})$ 一定存在 k 个特征值等于 1，并且，其余的特征值满足：

$$\lim_{\alpha \to 0} |\boldsymbol{\lambda} - 1| = 0 \tag{4.2.14}$$

$$\lim_{\alpha \to \infty} |\boldsymbol{\lambda} - 1| = 0 \tag{4.2.15}$$

证明 设 $\boldsymbol{\lambda}$ 是矩阵 $\boldsymbol{P}_\alpha^{-1}(\boldsymbol{A} + \alpha \boldsymbol{I})$ 的一个特征值，x 是对应于特征值 $\boldsymbol{\lambda}$ 的特征向量，因此有：

$$\boldsymbol{P}_\alpha^{-1}(\boldsymbol{A}+\alpha\boldsymbol{I})x=\boldsymbol{\lambda}x$$

即：

$$\begin{aligned}(\boldsymbol{\lambda}-1)x &= (\boldsymbol{P}_\alpha^{-1}(\boldsymbol{A}+\alpha\boldsymbol{I})-\boldsymbol{I})x\\ &= \boldsymbol{P}_\alpha^{-1}(\boldsymbol{A}+\alpha\boldsymbol{I}-\boldsymbol{P}_\alpha)x\\ &= -\boldsymbol{P}_\alpha^{-1}\Delta x\end{aligned}$$

因此

$$|\boldsymbol{\lambda}-1|\leqslant\left\|\boldsymbol{P}_\alpha^{-1}\right\|\cdot\|\Delta\| \tag{4.2.16}$$

情况 1 当 α 逼近于零时，由于 $\lim\limits_{\alpha\to 0}\boldsymbol{P}_\alpha=\boldsymbol{A}$，则有：

$$\lim_{\alpha\to 0}\left\|\boldsymbol{P}_\alpha^{-1}\right\|_\infty=\left\|\boldsymbol{A}^{-1}\right\|_\infty$$

$$\lim_{\alpha\to 0}\|\Delta\|_\infty=0$$

由式 (4.2.16) 可知，等式 $\lim\limits_{\alpha\to 0}|\lambda-1|=0$ 成立。

情况 2 当 α 逼近于 ∞ 时，由式 (4.2.12) 得 $\lim\limits_{\alpha\to\infty}\|\Delta\|_\infty<C$, 故有 $\lim\limits_{\alpha\to\infty}\frac{1}{\alpha}\|\boldsymbol{A}+\Delta\|_\infty=0$ 成立。

又因为

$$\begin{aligned}\lim_{\alpha\to\infty}\left\|\boldsymbol{P}_\alpha^{-1}\right\|_\infty &= \lim_{\alpha\to\infty}\left\|(\boldsymbol{A}+\alpha\boldsymbol{I}+\Delta)^{-1}\right\|_\infty\\ &= \lim_{\alpha\to\infty}\frac{1}{\alpha}\left\|\left(\boldsymbol{I}+\frac{1}{\alpha}(\boldsymbol{A}+\Delta)\right)^{-1}\right\|_\infty\\ &\leqslant \lim_{\alpha\to\infty}\frac{1}{\alpha}\frac{1}{1-\left\|\dfrac{1}{\alpha}(\boldsymbol{A}+\Delta)\right\|_\infty}\\ &= 0\end{aligned}$$

从而可得

$$\lim_{\alpha\to 0}|\lambda-1|=0$$

综上所述，可得定理成立。

注： 这里，对如下几种情况我们做一简单说明：

（1）$\alpha = -d_{ii}$，也就是说 γ_i 是不存在的；

（2）$\boldsymbol{A}$ 是奇异矩阵，或接近于奇异矩阵。对于第一种情况，可先将矩阵 $\boldsymbol{A}+\alpha\boldsymbol{I}$ 首先转换为矩阵 $\boldsymbol{A}+\alpha\boldsymbol{I} = \boldsymbol{A}+\varepsilon\boldsymbol{I}+(\alpha-\varepsilon)\boldsymbol{I}$，这里参数 ε 是预先给定的一个常数。因此可以将 $\alpha-\beta$ 看作是一个新的位移系数，将矩阵 $\boldsymbol{A}+\varepsilon\boldsymbol{I}$ 看作矩阵 $\boldsymbol{A}$ 。在第二种情况中，仍然可以采用与情况一相同的修正方案，并使得矩阵 $\boldsymbol{A}+\varepsilon\boldsymbol{I}$ 是非奇异矩阵，并且这种修正方案是很容易实现的。例如，可以选取一个较大的数 ε，使得矩阵 $\boldsymbol{A}+\varepsilon\boldsymbol{I}$ 为对角占优矩阵，从而 $\boldsymbol{A}+\varepsilon\boldsymbol{I}$ 为非奇异矩阵。

4.3 数值实验

在这一节里，通过数值实验来验证前面所得方法的有效性，并用五个预处理矩阵来加速求解带位移的线性系统 (4.1.1)，进而对这五个预条件矩阵在求解带位移线性系统时的加速效果进行数值比较。所有的数值实验，都是利用 Matlab R2010a 进行的。

在表 4-1 中，首先分别列出了测试矩阵的一些特性，如矩阵的维数 n，对称性以及稠密性 $d_{\boldsymbol{A}}$，其中每一个测试矩阵都是来自佛罗里达大学的稀疏矩阵集合 [199]。这里，定义矩阵的稠密性 $d_{\boldsymbol{A}}$ 为矩阵 $\boldsymbol{A}$ 中的非零元素的总数与所有元素的总数之间的比率。矩阵 $\boldsymbol{A}$ 的不完全 $\boldsymbol{LDL}^{\mathrm{T}}$ 分解，对于对称正定矩阵，可以通过函数 chol 得到，对于非对称矩阵来说，可以通过调用函数 luinc 得到，其中舍弃标准设为 1e-2。

表 4-1 测试矩阵的特性

矩阵	对 称 性	n	$d_{\boldsymbol{A}}$	β
bcsstk13	symmetric positive definite	2003	2.09e-2	0
bcsstk14	symmetric positive definite	1806	1.95e-2	0
1138_bus	symmetric positive definite	1138	3.10e-3	0
bcsstm08	symmetric positive definite	1074	9.31e-4	0
bcsstm11	symmetric positive definite	1473	6.79e-4	0

在求解线性系统时，这里调用 GMRES 迭代法来求解线性系统，其中 GMRES 中的重新启动数设为 20 ，并用五种预处理方法来求解转移线性系统，分别是：本章所提出的预条件子（UP），文献 [1] 中的预条件子（LP），每次重新计算所得预条

件子（RP），不变的预条件子（FP）以及无任何预条件子（NP）。本章实验中，特别选取 $\boldsymbol{b}=\boldsymbol{A}\boldsymbol{e}$（$\boldsymbol{e}$ 为 $(1,1,\cdots,1)^{\mathrm{T}}\in C^{m}$）。表 4-2～表 4-4 分别列出了对于不同的转移参数 α，GMRES 迭代法伴随不同的预条件子所需要的迭代次数以及迭代过程中所消耗的时间。数值实验中的初始向量都设为零向量，当迭代向量序列 x^k 满足：对于对称正定矩阵有

$$\frac{\|\boldsymbol{b}-(\boldsymbol{A}+\alpha\boldsymbol{I})x^{k}\|_2}{\|\boldsymbol{b}\|_2}\leqslant 10^{-8}$$

对非对称矩阵有

$$\frac{\|\boldsymbol{b}-(\boldsymbol{A}+\alpha\boldsymbol{I})x^{k}\|_2}{\|\boldsymbol{b}\|_2}\leqslant 10^{-8}$$

成立时，或者迭代次数最大达到 2400 次，迭代跳出循环。

表 4-2　四种预处理系数矩阵为 garon1 对应的迭代步数和运行时间

α	RP 法		FP 法		NP 法		UP 法	
	迭代步数	运行时间	迭代步数	运行时间	迭代步数	运行时间	迭代步数	运行时间
0.001	2420	3.9164	2420	3.4613	2420	2.0705	2420	3.4839
0.01	37	0.4363	96	0.1174	90	0.7147	34	0.0305
0.1	30	0.4014	92	0.1079	164	0.1573	33	0.0272
1	25	0.3598	197	0.2818	63	0.0498	36	0.0276
10	24	0.2371	363	0.5229	33	0.0121	31	0.0187
100	24	0.0608	404	0.5775	25	0.0070	25	0.0108
1000	23	0.0165	410	0.5857	23	0.0043	23	0.0102

表 4-3　四种预处理系数矩阵为 pde2961 对应的迭代步数和运行时间

α	RP 法		FP 法		NP 法		UP 法	
	迭代步数	运行时间	迭代步数	运行时间	迭代步数	运行时间	迭代步数	运行时间
0.001	33	0.0224	33	0.0159	38	0.2270	33	0.0132
0.01	33	0.0211	32	0.0118	46	0.1896	33	0.0152
0.1	29	0.0163	31	0.0156	23	0.1028	34	0.0164
1	24	0.0157	56	0.0385	50	0.0209	34	0.0155
10	23	0.0089	98	0.0825	28	0.0044	27	0.0062
100	23	0.0059	120	0.1023	24	0.0040	24	0.0073
1000	22	0.0050	120	0.1011	22	0.0026	22	0.0038

表 4-4 四种预处理系数矩阵为 barth 对应的迭代步数和运行时间

α	RP 法		FP 法		NP 法		UP 法	
	迭代步数	运行时间	迭代步数	运行时间	迭代步数	运行时间	迭代步数	运行时间
0.001	36	1.6741	1240	13.2066	2420	8.5095	22	0.0308
0.01	257	3.2135	2400	13.3127	2420	8.0510	25	0.0387
0.1	60	1.6776	1500	12.2094	2420	8.5912	26	0.0549
1	25	0.0901	37	0.1039	59	0.1521	33	0.0586
10	25	0.0438	89	0.3943	29	0.0289	29	0.0469
100	25	0.0363	109	0.5054	25	0.0143	25	0.0224
1000	23	0.0298	112	0.5272	23	0.0120	23	0.0184

对于不同的对称正定矩阵，如图 4-1 所示，我们分别描绘出了 UP 法和 LP 法在求解整个带位移线性系统时所消耗的运行时间。从图中可以看到，对于不同的位移参数 α，本章所提出的预条件子对于加速求解带位移线性系统，其总体效果要好于 LP 法的加速效果。并且随着位移参数 α 的增大，UP 法和 LP 法所需的运行时间也随之递增。观察曲线在 0 点处的取值，我们发现，UP 法取得了较好的收敛效果，接近于 0.03，而 LP 法对于 bcsstk13 和 1138_bus 分别接近于 0.055 和 0.085。对于矩阵 bcsstk14 和 mhd3200b，UP 法接近于 0.1，LP 法分别接近于 0.3 和 0.25。当 α 比较大时，UP 法和 LP 法所需总的运行时间接近于常数。显然，从运行时间方面来说，UP 法比 LP 法的加速效果更好一些。因此，UP 法在求解这几个带位移线性系统时具有一定的优越性。

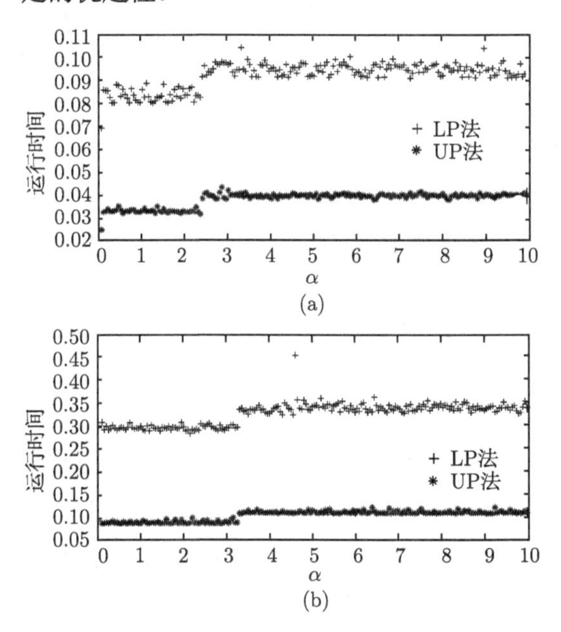

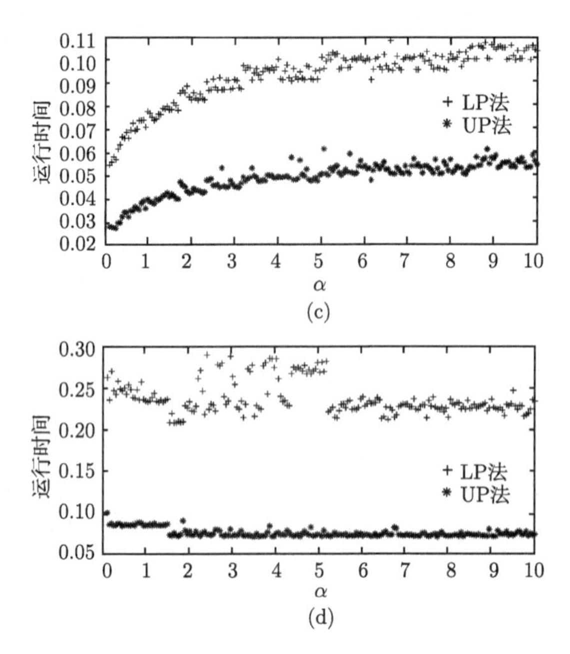

图 4-1 对称正定矩阵对应的 UP 法和 LP 法所需的运行时间

(a) bcsstk13；(b) bcsstk14；(c) 1138_bus；(d) mhd3200b

当矩阵 $\boldsymbol{A}$ 分别取 garon1 和 pde2961 矩阵时，如图 4-2 和图 4-3 所示，我们描绘出了用各种不同的预条件子 FP 法、RP 法和 UP 法来预处理原系数矩阵 $\boldsymbol{A}+\alpha\boldsymbol{I}$ 的特征值的分布情况。图例中表明，当对原系数矩阵 $\boldsymbol{A}+\alpha\boldsymbol{I}$ 没有进行任何预处理时，系数矩阵是比较病态的，并且其特征值的分布非常分散。因此，如果直接调用 GMRES 迭代法求解式 (4.1.1) 时，迭代法的收敛速度很慢以至于发散。而用 RP 法、UP 法以及 FP 法对原系统进行预处理后，系数矩阵特征值的分布相对比较集中。其中，RP 法和 UP 法比 FP 法所对应的矩阵特征值的分布更加聚集一些，其特征值都聚集在实轴上，并且介于一个比较小的区间范围内。因此，预处理后的 GMRES 迭代法的收敛速度更快。同时还发现，UP 法和 RP 法对应的矩阵特征值的分布情况非常相似，因此，在实际应用中，用 UP 法作为原系统矩阵 $\boldsymbol{A}+\alpha\boldsymbol{I}$ 的预处理子更加实用有效。

当矩阵 $\boldsymbol{A}$ 为 garon1 和 pde2961 矩阵时，图 4-4 所示为各种不同的预条件子 FP 法、RP 法和 UP 法来预处理系数矩阵为 $\boldsymbol{A}+\alpha\boldsymbol{I}$ 的线性系统的迭代步数。图中，我们可以看到，当位移参数 α 从 0 递增到 1 时，各类迭代法的迭代次数随着递减。其中 FP 法的迭代次数近似不变，其迭代次数并没有随着位移参数 α 的递增而增大。而 NP 法、UP 法和 RP 法对应的迭代次数降低。当位移参数 α 比较大

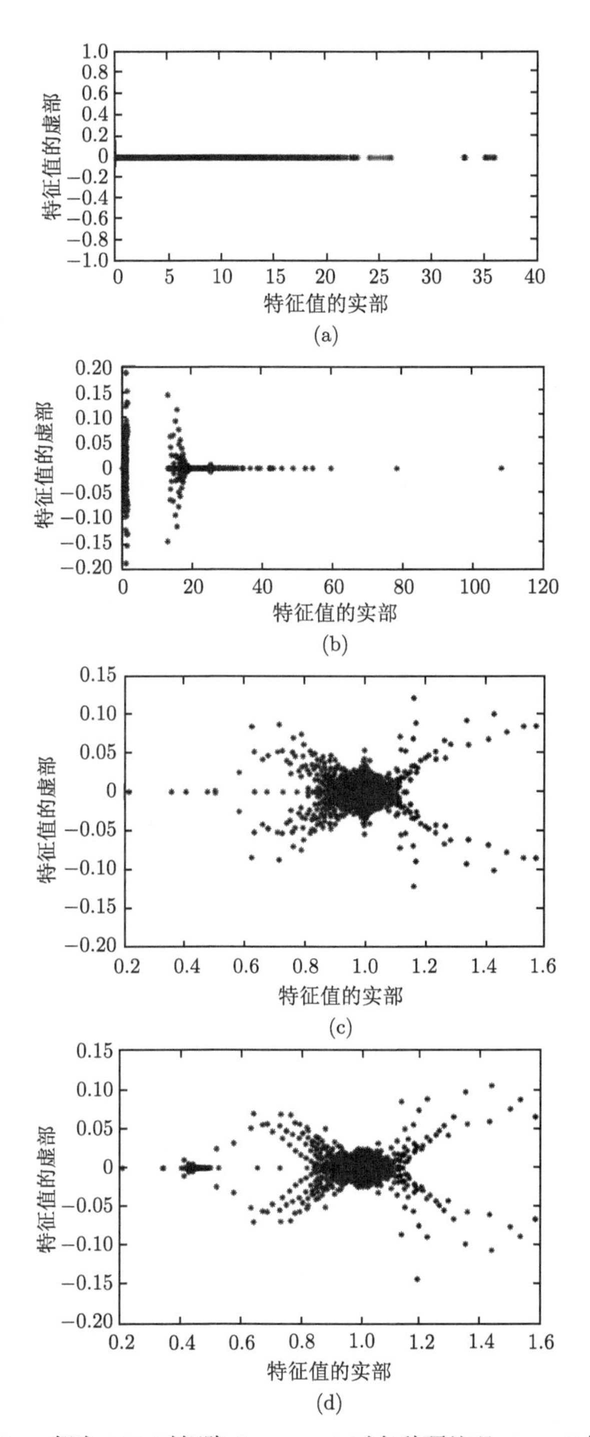

图 4-2 当 α 和 drop 都为 0.01 时矩阵$\boldsymbol{A}$ =garon1 时各种预处理 $\boldsymbol{A}+\alpha\boldsymbol{I}$ 矩阵的特征值分布

(a) NP 法; (b) FP 法; (c) RP 法; (d) UP 法

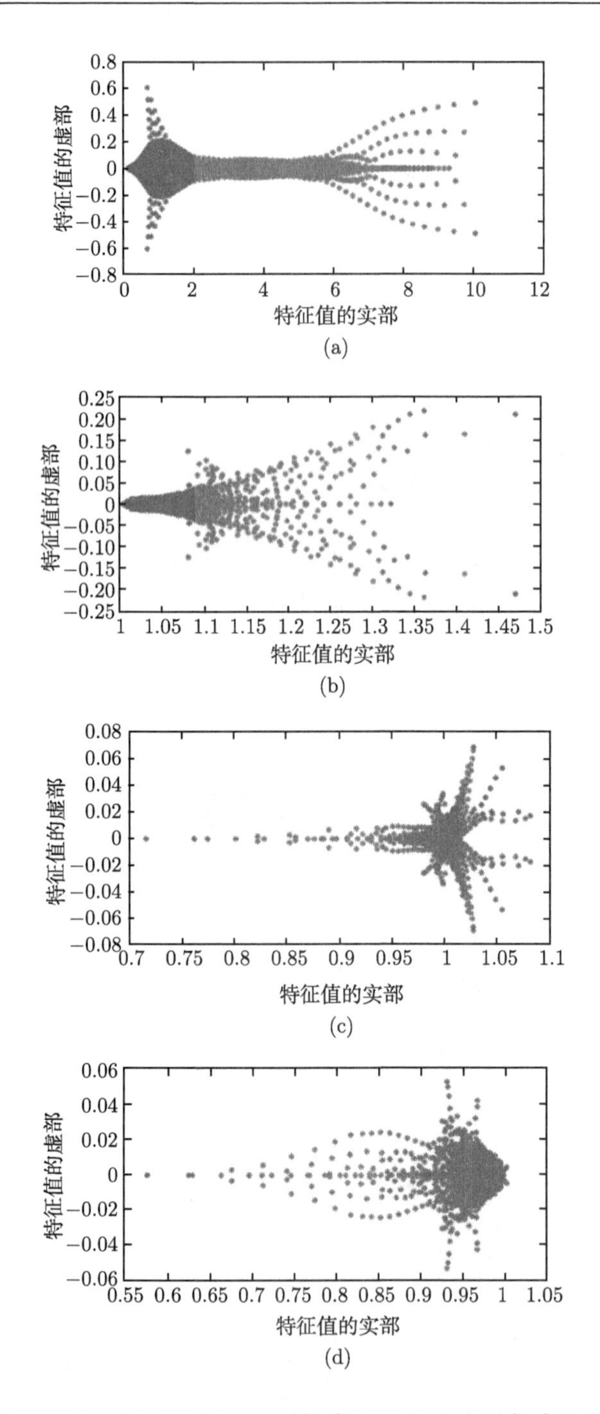

图 4-3　当 $\alpha=0.1$ 和 drop 为 0.01 时矩阵$\boldsymbol{A}$=pde2961 时各种预处理 $\boldsymbol{A}+\alpha\boldsymbol{I}$ 矩阵的特征值分布

(a) NP 法; (b) FP 法; (c) RP 法; (d) UP 法

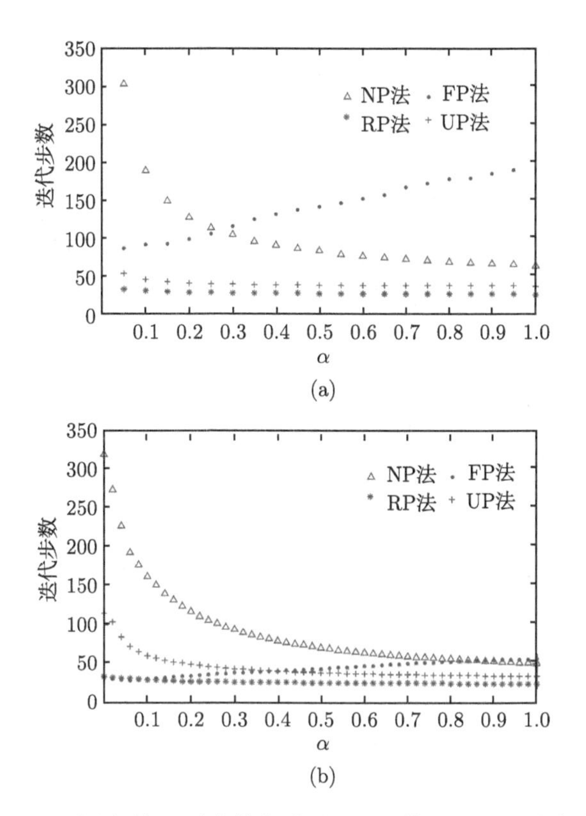

图 4-4 不同参数 α 对应的各种预处理后的 GMRES 迭代步数

时，NP 法、UP 法和 RP 法的迭代步数接近于常数，其中 UP 法和 RP 法的迭代步数几乎相等。从迭代步数方面考虑，UP 法和 RP 法几乎相等，但从 CPU 方面考虑，RP 法是非常耗时的。因此，在求解这些带位移线性系统时，UP 法具有一定的优越性。

在表 4-2 和表 4-3 中，对于不同的矩阵 garon1，pde2961 和 barth 分别列出了迭代法的迭代步数和所需的运行时间。对于矩阵 garon1，从迭代步数方面来看，RP 法最优，UP 法次之，随之 NP 法，FP 法的迭代次数最多，其中 RP 法和 UP 法的迭代步数差距很小。从运行时间方面来看，UP 法最优，NP 法次之，随之 RP 法，而 FP 法所需时间最多。对于矩阵 barth，无论从迭代步数方面还是运行时间方面来看，UP 法都优于 RP 法、NP 法和 FP 法。因此，根据迭代步数和运行时间，用 UP 法、LP 法和 FP 法迭代求解这三个带位移线性系统时，UP 法是最优的选择。从表 4-2 和表 4-3 中，我们还发现，UP 预条件迭代法极大地提高了 GMRES 迭代法的收敛性，从而降低了运行时间。并且，当位移参数 α 递增时，迭代步数和所需的总的运行时间都有降低的趋势，其中运行时间比迭代步数更占主导位置。因此，用 UP 法预处理位移线性系统 (4.1.1) 后，再调用 GMRES 迭代法，其收敛效果更加快速有效。

4.4 本章小结

对于带位移线性系统的求解，本章提出了一种新的构造预处理子的方法，即根据矩阵 $\boldsymbol{A}$ 的 $\boldsymbol{LDU}$ 不完全分解，对其进行修正从而得出矩阵 $\boldsymbol{A}+\alpha\boldsymbol{I}$ 的预处理子。当用 GMRES 迭代法近似求解线性系统时，预处理子有效地提高了 GMRES 迭代法的收敛速度，在运行时间方面，所提的预处理子加速了文献 [1] 中预处理子的收敛效果。进而还讨论了所提出的预处理子（UP）的性质以及预处理子的特征值的界。数值实验表明，当用 GMRES 迭代法近似求解线性系统时，UP 预处理子有效地提高了 GMRES 迭代法的收敛速度，在运行时间方面，UP 预处理子加速了文献 [1] 中预处理子的收敛速度。通过数值比较，可以看出，UP 法要优于 RP 法、NP 法和 FP 法。

本章是通过修正矩阵 $\boldsymbol{L}$ 和 $\boldsymbol{U}$ 中的元素来构造新的预处理子，那么是否可以通过同时修正矩阵 $\boldsymbol{L}$、$\boldsymbol{D}$ 和 $\boldsymbol{U}$ 中的元素来构造新的预处理子，以及是否可以通过矩阵的其他分裂技术来构造新的预处理子，这将是我们未来所要研究的课题之一。

5　关于鞍点问题的一种广义 USOR 分裂迭代法的研究

与前述相似，矩阵分裂法还可以有效地应用于鞍点问题的加速求解。特别地，本章根据矩阵的 $\boldsymbol{LDU}$ 分裂技术，从而提出一种快速有效的分裂法即广义 Uzawa–SOR 迭代法来求解鞍点问题。该方法推广了 USOR 迭代法。当迭代参数在一定范围内取值时，我们分析了所提出方法对应迭代矩阵的特征值、特征向量的性质，进而建立了 GUSOR 的收敛理论。随着不同的参数取值，算法取得了满意的收敛效果。

5.1　引言

在流体动力学、电磁学、线性弹性力学、带有限制条件的二次优化、最小二乘问题、计算电磁学等科学与工程计算领域中，有很多问题常会转化为鞍点问题的求解。由于这类问题的系数矩阵通常是大型稀疏的，且具有强不定性，不具有对角占优性等特点，若直接使用 Krylov 子空间方法，如 MINRES、GMRES、BiCGStab 法等，迭代速度很慢甚至不收敛，因此，研究鞍点问题的有效迭代算法，在实际应用中非常重要。目前，已有很多学者研究出了求解鞍点问题的有效迭代方法，如 Yuan 等人 [200,201] 提出了各种类型的 SOR 迭代法和预处理共轭梯度法。通过进一步加速和推广 GSOR 迭代法 [83]，Bai 等人 [81] 提出了 SOR–like 迭代法。Darvishi 和 Hessari [82] 研究了 SSOR 迭代法，Zhang 和 Lu[202] 分析了 GSSOR 迭代法。近年来，鞍点问题的求解引起了学者们新的研究兴趣，如 Zhang 和 Shang [3] 提出了 Uzawa-SOR 法并对其收敛性进行了分析。Bai 等人 [203] 建立了参数化的不精确 Uzawa（PIU）法来求解相应的鞍点问题，并分析讨论了矩阵分裂法的收敛性条件 [204]，这些研究主要集中在对 Uzawa 迭代法的推广上 [205]。

本章中，我们提出一种快速有效的分裂法即 GUSOR 迭代法，该方法推广了 USOR 迭代法。具体地，受到文献 [3] 中思想的启发，本章设计了一种松弛方法，即通过添加松弛参数和矩阵来加速求解鞍点问题，该方法可以看作是以 Uzawa 为外迭代法和 SOR 为内迭代的迭代法。首先讨论了迭代法所对应迭代矩阵的特征值、特征向量的性质，进而分析其收敛性。数值实验表明本文提出的松弛迭代法加快了 USOR 迭代法的收敛速度，从而获得了满意的数值结果。

5.2　广义 USOR 迭代算法的提出和实现

5.2.1　基本思想

在很多应用领域中，常会遇到如下形式的鞍点线性系统

$$\begin{pmatrix} \boldsymbol{A} & \boldsymbol{B} \\ \boldsymbol{B}^{\mathrm{T}} & 0 \end{pmatrix} \begin{pmatrix} x \\ p \end{pmatrix} = \begin{pmatrix} b \\ q \end{pmatrix} \tag{5.2.1}$$

这里矩阵 $\boldsymbol{A} \in R^{m\times m}$ 是对称正定矩阵；$\boldsymbol{B} \in R^{m\times n}$ 是列满秩矩阵 $(m \geqslant n)$；$x, p \in R^m$ $b, q \in R^n$；$\boldsymbol{B}^{\mathrm{T}}$ 表示矩阵 B 的转秩矩阵。

本章中，我们假设系数矩阵 $\boldsymbol{\mathcal{A}}$ 是非奇异的，并假定本章中所出现的零矩阵和单位矩阵都是根据计算时的实际情形取相适宜的维数。

为方便计算，这里先对系统 (5.2.1) 进行变形，从而得到与其等价的鞍点线性系统，即：

$$\begin{pmatrix} \boldsymbol{A} & \boldsymbol{B} \\ -\boldsymbol{B}^{\mathrm{T}} & 0 \end{pmatrix} \begin{pmatrix} x \\ p \end{pmatrix} = \begin{pmatrix} b \\ -q \end{pmatrix} \tag{5.2.2}$$

在建立广义 USOR 迭代法之前，先根据矩阵 $\boldsymbol{\mathcal{A}}$ 的三角分解，从而建立系数矩阵 $\boldsymbol{\mathcal{A}}$ 的如下分裂：

$$\boldsymbol{\mathcal{A}} = \begin{pmatrix} \boldsymbol{A} & \boldsymbol{B} \\ -\boldsymbol{B}^{\mathrm{T}} & 0 \end{pmatrix} = \begin{pmatrix} \boldsymbol{D}-\boldsymbol{L}-\boldsymbol{U} & \boldsymbol{B} \\ -\boldsymbol{B}^{\mathrm{T}} & 0 \end{pmatrix} = \boldsymbol{\mathcal{D}} - \boldsymbol{\mathcal{L}} - \boldsymbol{\mathcal{U}}$$

这里矩阵 $\boldsymbol{D}$、矩阵 $\boldsymbol{L}$ 以及矩阵 $\boldsymbol{U}$ 分别为矩阵 $\boldsymbol{A}$ 的对角部分、严格下三角和严格上三角部分，并且

$$\boldsymbol{\mathcal{D}} = \begin{pmatrix} \boldsymbol{D} & \boldsymbol{O} \\ \boldsymbol{O} & \boldsymbol{Q} \end{pmatrix}, \boldsymbol{\mathcal{L}} = \begin{pmatrix} \boldsymbol{L} & \boldsymbol{O} \\ \boldsymbol{B}^{\mathrm{T}} & \alpha\boldsymbol{Q} \end{pmatrix}, \boldsymbol{\mathcal{U}} = \begin{pmatrix} \boldsymbol{U} & -\boldsymbol{B} \\ \boldsymbol{O} & \beta\boldsymbol{Q} \end{pmatrix}$$

$\boldsymbol{Q} \in \mathbb{R}^{n\times n}$ 是给定的对称正定矩阵；参数 α 和 β 满足等式 $\alpha + \beta = 1$。

设 ω 和 τ 是两个非零实数，$\boldsymbol{I}_m \in R^{m\times m}$ 和 $\boldsymbol{I}_n \in R^{n\times n}$ 分别是 m-by-m 和 n-by-n 阶单位矩阵，$\boldsymbol{\Omega}$ 是给定的参数矩阵，形式如下：

$$\boldsymbol{\Omega} = \begin{pmatrix} \omega \boldsymbol{I}_m & \boldsymbol{O} \\ \boldsymbol{O} & \tau \boldsymbol{I}_n \end{pmatrix}$$

下面考虑用 SOR 迭代法来求解系统 (5.2.2)，根据 SOR 迭代公式，得如下迭代公式：

$$\begin{pmatrix} x^{(k+1)} \\ y^{(k+1)} \end{pmatrix} = (\boldsymbol{\mathcal{D}} - \boldsymbol{\Omega}\boldsymbol{\mathcal{L}})^{-1}[(\boldsymbol{I} - \boldsymbol{\Omega})\boldsymbol{\mathcal{D}} + \boldsymbol{\Omega}\boldsymbol{\mathcal{U}}] \begin{pmatrix} x^{(k)} \\ y^{(k)} \end{pmatrix} + (\boldsymbol{\mathcal{D}} - \boldsymbol{\Omega}\boldsymbol{\mathcal{L}})^{-1}\boldsymbol{\Omega} \begin{pmatrix} b \\ -q \end{pmatrix} \tag{5.2.3}$$

或者等价变形为：

$$\begin{pmatrix} x^{(k+1)} \\ y^{(k+1)} \end{pmatrix} = \boldsymbol{H}(\omega,\tau,\alpha) \begin{pmatrix} x^{(k)} \\ y^{(k)} \end{pmatrix} + \boldsymbol{M}(\omega,\tau,\alpha)^{-1} \begin{pmatrix} b \\ -q \end{pmatrix} \tag{5.2.4}$$

这里

$$\begin{aligned} &\boldsymbol{H}(\omega,\tau,\alpha) \equiv (\boldsymbol{\mathcal{D}} - \boldsymbol{\Omega}\boldsymbol{\mathcal{L}})^{-1}[(\boldsymbol{I} - \boldsymbol{\Omega})\boldsymbol{\mathcal{D}} + \boldsymbol{\Omega}\boldsymbol{\mathcal{U}}] \\ &= \begin{pmatrix} (\boldsymbol{D} - \omega \boldsymbol{L})^{-1} & \boldsymbol{O} \\ \dfrac{\tau}{1-\alpha\tau}\boldsymbol{Q}^{-1}\boldsymbol{B}^{\mathrm{T}}(\boldsymbol{D} - \omega\boldsymbol{L})^{-1} & \dfrac{1}{1-\alpha\tau}\boldsymbol{Q}^{-1} \end{pmatrix} \begin{pmatrix} (1-\omega)\boldsymbol{D} + \omega\boldsymbol{U} & -\omega\boldsymbol{B} \\ \boldsymbol{O} & (1-\alpha\tau)\boldsymbol{Q} \end{pmatrix} \\ &= \begin{pmatrix} (\boldsymbol{D} - \omega\boldsymbol{L})^{-1}((1-\omega)\boldsymbol{D} + \omega\boldsymbol{U}) & -\omega(\boldsymbol{D} - \omega\boldsymbol{L})^{-1}\boldsymbol{B} \\ \dfrac{\tau}{1-\alpha\tau}\boldsymbol{Q}^{-1}\boldsymbol{B}^{\mathrm{T}}(\boldsymbol{D}-\omega\boldsymbol{L})^{-1}((1-\omega)\boldsymbol{D}+\omega\boldsymbol{U}) & I - \dfrac{\omega\tau}{1-\alpha\tau}\boldsymbol{Q}^{-1}\boldsymbol{B}^{\mathrm{T}}(D - \omega\boldsymbol{L})^{-1}\boldsymbol{B} \end{pmatrix} \end{aligned} \tag{5.2.5}$$

以及

$$\boldsymbol{M}(\omega,\tau,\alpha) \equiv \boldsymbol{\Omega}^{-1}(\boldsymbol{D} - \boldsymbol{\Omega}\boldsymbol{L}) = \begin{pmatrix} \dfrac{1}{\omega}(\boldsymbol{D} - \omega\boldsymbol{L}) & \boldsymbol{O} \\ -\boldsymbol{B}^{\mathrm{T}} & \dfrac{1-\alpha\tau}{\tau}\boldsymbol{Q} \end{pmatrix} \tag{5.2.6}$$

5.2.2　迭代算法

根据上面的算法分析，下面具体给出广义 USOR（GUSOR）迭代法，具体迭代过程如下：

广义 USOR 迭代法： 设 $\boldsymbol{Q} \in \mathbb{R}^{n\times n}$ 是给定的对称正定矩阵。给定初始值 $x^{(0)} \in R^m$ 和 $y^{(0)} \in R^n$，以及松弛参数 α，ω 和 τ，这里 $\omega, \tau \neq 0$。通过公式 (5.2.4) 计算，直到迭代序列 $\{((x^{(k)})^{\mathrm{T}}, (y^{(k)})^{\mathrm{T}})^{\mathrm{T}}\}$ 收敛：

$$\begin{cases} x^{(k+1)} = (\boldsymbol{D} - \omega \boldsymbol{L})^{-1}(((1-\omega)\boldsymbol{D} + \omega \boldsymbol{U})x^{(k)} + \omega(b - By^{(k)})) \\ y^{(k+1)} = y^{(k)} + \dfrac{\tau}{1-\alpha\tau}\boldsymbol{Q}^{-1}(\boldsymbol{B}^{\mathrm{T}}x^{(k+1)} - q) \end{cases} \quad (k = 0, 1, 2, \cdots) \tag{5.2.7}$$

注： 当松弛参数 $\alpha = 0$ 时，GUSOR 就是 USOR 迭代法，所以 GUSOR 迭代法是 USOR 迭代法的拓广。

5.3　收敛性分析

在这一节里，主要分析讨论用 GUSOR 迭代法求解鞍点线性系统 (见式 (5.2.2)) 关于参数 ω，τ 和 α 的一个充分条件。首先简单介绍一些相关的注释以及定义。对于向量 x，x^* 表示向量 x 的复共轭转置。$\lambda_{\min}(\boldsymbol{H})$ 和 $\lambda_{\max}(\boldsymbol{H})$ 分别表示埃尔米特矩阵 $\boldsymbol{H}$ 的最大特征值和最小特征值，$\rho(\boldsymbol{H})$ 表示矩阵 $\boldsymbol{H}$ 的谱半径。在本章中，假定参数 ω，τ 和 α 都是正实数。

由于矩阵 $\boldsymbol{H}(\omega,\tau,\alpha)$ 是 GUSOR 迭代法所对应的迭代矩阵，由此可知，欲使 GUSOR 迭代法收敛当且仅当迭代矩阵 $\boldsymbol{H}(\omega,\tau,\alpha)$ 的谱半径小于 1 时成立，即 $\rho(\boldsymbol{H}(\omega,\tau,\alpha)) < 1$。下面，具体来分析 GUSOR 迭代法收敛时参数所需满足的条件。

设 λ 是矩阵 $\boldsymbol{H}(\omega,\tau,\alpha)$ 的一个特征值，$\begin{pmatrix} x \\ y \end{pmatrix}$ 是特征值 λ 所对应的特征向量，则有如下等式成立：

$$\begin{aligned} &\begin{pmatrix} (1-\omega)\boldsymbol{D} + \omega\boldsymbol{U} & -\omega\boldsymbol{B} \\ \boldsymbol{O} & (1-\alpha\tau)\boldsymbol{Q} \end{pmatrix}\begin{pmatrix} x \\ y \end{pmatrix} \\ &= \lambda\begin{pmatrix} \boldsymbol{D} - \omega\boldsymbol{L} & \boldsymbol{O} \\ -\tau\boldsymbol{B}^{\mathrm{T}} & (1-\alpha\tau)\boldsymbol{Q} \end{pmatrix}\begin{pmatrix} x \\ y \end{pmatrix} \end{aligned}$$

或等价于

$$
\begin{cases} (1-\omega-\lambda)\boldsymbol{D}x+\omega\boldsymbol{U}x+\lambda\omega\boldsymbol{L}x=\omega\boldsymbol{B}y \\ (\lambda-1)(1-\alpha\tau)\boldsymbol{Q}y=\lambda\tau\boldsymbol{B}^{\mathrm{T}}x \end{cases} \tag{5.3.1}
$$

成立。

引理 5.3.1 设 $\boldsymbol{A}$ 是对称正定矩阵，$\boldsymbol{B}$ 是列满秩矩阵。若 λ 是迭代矩阵 $\boldsymbol{H}(\omega,\tau,\alpha)$ 的一个特征值，则有 $\lambda\neq 1$。

证明 如果 $\lambda=1$，由于 α 和 τ 是正实数，由方程 (5.3.1) 可得 $x=-\boldsymbol{A}^{-1}\boldsymbol{B}y$ 和 $\boldsymbol{B}^{\mathrm{T}}x=0$，从而有 $\boldsymbol{B}^{\mathrm{T}}\boldsymbol{A}^{-1}\boldsymbol{B}y=0$，故有 $y=0$ 和 $x=0$。这与已知条件 $\begin{pmatrix} x \\ y \end{pmatrix}$ 是矩阵 $\boldsymbol{H}(\omega,\tau,\alpha)$ 特征值 λ 的特征向量矛盾。

引理 5.3.2 设 $\boldsymbol{A}$ 是对称正定矩阵，$\boldsymbol{B}$ 是列满秩矩阵。如果 λ 是迭代矩阵 $\boldsymbol{H}(\omega,\tau,\alpha)$ 的一个特征值，$\begin{pmatrix} x \\ y \end{pmatrix}$ 对应于特征值 λ 的特征向量，则有 $x\neq 0$。特别地，如果 $y=0$，则有 $|\lambda|<1$。

证明 证明方法类同文献 [3] 中证明，此处省略引理证明。

引理 5.3.3 [203] 复二次方程 $\lambda^2-\phi\lambda+\psi=0$ 的两个根小于 1 的充分必要条件是 $|\phi-\overline{\phi}\psi|+|\psi|^2<1$，这里 $\overline{\phi}$ 是 ϕ 的共轭复数。

下面给出关于 GUSOR 迭代法收敛的一个充分条件。

定理 5.3.1 设 $\boldsymbol{A}=\boldsymbol{D}-\boldsymbol{L}-\boldsymbol{U}$ 是对称正定矩阵，$\boldsymbol{B}\in R^{m\times n}$ 是列满秩矩阵，以及 $\boldsymbol{Q}\in R^{n\times n}$ 对称正定矩阵，令 $\boldsymbol{S}=\dfrac{i(\boldsymbol{L}^{\mathrm{T}}-\boldsymbol{L})}{2}$。如果 $\alpha>0$，$0<\omega<2$，和 $0<\tau<\dfrac{m_0}{1+\alpha m_0}$ $\left(m_0=\dfrac{2(2-\omega)\min_{1\leqslant j\leqslant n}a_{jj}\lambda_{\min}^2(\boldsymbol{A})}{\omega\rho(\boldsymbol{B}\boldsymbol{Q}^{-1}\boldsymbol{B}^{\mathrm{T}})(4\rho(S)^2+\lambda_{\min}^2(\boldsymbol{A}))}\right)$ 则 GUSOR 迭代法收敛。

证明 因为 $\lambda\neq 1$，由引理 5.3.1 很容易得出 $\lambda\neq 1$。由式 (5.3.1) 得：

$$
y=\frac{\lambda\tau}{(\lambda-1)(1-\alpha\tau)}\boldsymbol{Q}^{-1}\boldsymbol{B}^{\mathrm{T}}x
$$

$$
(1-\omega-\lambda)\boldsymbol{D}x+\omega\boldsymbol{U}x+\lambda\omega\boldsymbol{L}x=\frac{\lambda\omega\tau}{(\lambda-1)(1-\alpha\tau)}\boldsymbol{B}\boldsymbol{Q}^{-1}\boldsymbol{B}^{\mathrm{T}}x \tag{5.3.2}
$$

如果 $\boldsymbol{B}^{\mathrm{T}}x=0$，则有 $y=0$，由引理 5.3.2 得 $|\lambda|<1$。

假定 $\boldsymbol{B}^{\mathrm{T}}x\neq 0$，设 $x\neq 0$，令

$$
\frac{x^*\boldsymbol{D}x}{x^*x}=\delta,\ \frac{x^*\boldsymbol{L}^{\mathrm{T}}x}{x^*x}=\alpha+\beta i,\ \frac{x^*\boldsymbol{B}\boldsymbol{Q}^{-1}\boldsymbol{B}^{\mathrm{T}}x}{x^*x}=\gamma
$$

由于 $\boldsymbol{U}^{\mathrm{T}}=\boldsymbol{L}$，因此

$$\frac{x^*\boldsymbol{U}^{\mathrm{T}}x}{x^*x}=\alpha-\beta i \quad \left(\delta>0,\ \gamma>0,\ \delta-2\alpha=\frac{x^*\boldsymbol{A}x}{x^*x}>0\right)$$

代入式 (5.3.2)，可得：

$$(1-\omega-\lambda)\delta+\omega(\alpha-\beta i)+\lambda\omega(\alpha+\beta i)=\frac{\lambda\omega\tau}{(\lambda-1)(1-\alpha\tau)}\gamma \tag{5.3.3}$$

又因为 $\delta-2\alpha>0$ 和 $0<\omega<2$
所以

$$-\delta+\omega\alpha+i\omega\beta\neq 0$$

经计算得 λ 满足二次方程 $\lambda^2-\phi\lambda+\psi=0$。
这里

$$\phi=\frac{(\omega-2)\delta+\dfrac{\tau}{1-\alpha\tau}\omega\gamma+2\omega\beta i}{-\delta+\omega\alpha+i\omega\beta}$$

$$\varphi=\frac{(\omega-1)\delta+\omega\beta i-\omega\alpha}{-\delta+\omega\alpha+i\omega\beta}$$

令 $\chi=(-\delta+\omega\alpha)^2+\omega^2\beta^2$，可得：

$$|\bar{\phi}\varphi-\phi|=\frac{1}{|1-\alpha\tau|\chi}\sqrt{((1-\alpha\tau)(\omega-2)\delta+\tau\omega\gamma)^2(\delta\omega-2\omega\alpha)^2+(2\tau\omega^2\beta\gamma)^2}$$

$$|\varphi|^2=\frac{1}{\chi}((\delta(\omega-1)-\omega\alpha)^2+\omega^2\beta^2)$$

由引理 5.3.3 得，复二次方程 (5.3.3) 的根 λ 满足 $|\lambda|<1$ 当且仅当

$$|\phi-\bar{\phi}\varphi|+|\varphi|^2<1 \tag{5.3.4}$$

由式 (5.3.4) 可知，如果 $0<\alpha\tau<1$，即 $0<\tau<\dfrac{1}{\alpha}$，可得：

$$0<\frac{\tau}{1-\alpha\tau}<\frac{2(\delta-2\alpha)^2(2-\omega)\delta}{(4\beta^2+(\delta-2\alpha)^2)\omega\gamma}$$

设 $m=\dfrac{2(\delta-2\alpha)^2(2-\omega)\delta}{(4\beta^2+(\delta-2\alpha)^2)\omega\gamma}$，有：

$$0<\tau<\frac{m}{1+\alpha m}$$

显然 $0<\tau<\dfrac{1}{\alpha}$。由于 $\boldsymbol{S}$ 是埃尔米特矩阵，因此矩阵 $\boldsymbol{S}$ 的全部特征值都是实的，故有不等式

$$0\leqslant\beta^2=\frac{x^*\boldsymbol{S}x}{x^*x}\leqslant\rho(S)^2$$

成立。又由于

$$\delta-2\alpha=\frac{x^*Ax}{x^*x}>0,\ \ \omega>0,\ \ \gamma>0$$

当 $z>0$ 时，$\dfrac{z^2}{a+z^2}$ 是 z 的增函数，并且有:

$$0<\tau<\frac{m_0}{1+\alpha m_0}$$

当 $|\lambda|<1$，这里

$$m_0=\frac{2(2-\omega)\min_{1\leqslant j\leqslant n}a_{jj}\lambda_{\min}^2(\boldsymbol{A})}{\omega\rho(\boldsymbol{B}\boldsymbol{Q}^{-1}\boldsymbol{B}^{\mathrm{T}})(4\rho(\boldsymbol{S})^2+\lambda_{\min}^2(\boldsymbol{A}))}$$

故结论成立，证毕。

5.4 数值实验

这一节里，用数值例子来检验用新的迭代法即 GUSOR 迭代法求解鞍点线性系统 (5.1.1) 时算法的有效性，并将本章所提 GUSOR 方法与文献 [3] 中的 USOR 方法进行数值比较。在数值结果中，分别列举了数值实验中算法收敛所需的迭代次数、绝对残差范数、所用的中央处理器时间以及相应迭代矩阵的谱半径 ($\rho(A)$)。这里，定义 RES 为:

$$\mathrm{RES}=\frac{\sqrt{\left\|b-\boldsymbol{A}x^{(k)}-\boldsymbol{B}^{\mathrm{T}}y^{(k)}\right\|_2^2+\left\|q-\boldsymbol{B}^{\mathrm{T}}x^{(k)}\right\|_2^2}}{\sqrt{\|b\|_2^2+\|q\|_2^2}}$$

向量 $(x_k^{\mathrm{T}},y_k^{\mathrm{T}})^{\mathrm{T}}$ 表示鞍点线性系统 (5.1.1) 最后的近似解，这里范数 $\|.\|$ 指的是 L_2-范数。

当系统 (5.1.1) 的精确解取为 $(x_*^{\mathrm{T}}, y_*^{\mathrm{T}})^{\mathrm{T}} = (1, 1, \cdots, 1)^{\mathrm{T}} \in R^{m+n}$ 时，得到的右端即为给定的初始右端向量 $(b^{\mathrm{T}}, q^{\mathrm{T}})^{\mathrm{T}} \in R^{m+n}$。所有的数值实验，都是利用 Matlab R2010a 进行的。

例 5.4.1 [83] 设鞍点线性系统 (5.1.1) 里的矩阵分别为：

$$\boldsymbol{A} = \begin{pmatrix} \boldsymbol{I} \otimes \boldsymbol{T} + \boldsymbol{T} \otimes \boldsymbol{I} & \boldsymbol{O} \\ \boldsymbol{O} & \boldsymbol{I} \otimes \boldsymbol{T} + \boldsymbol{T} \otimes \boldsymbol{I} \end{pmatrix} \in R^{2p^2 \times 2p^2}$$

$$\boldsymbol{B} = \begin{pmatrix} \boldsymbol{I} \otimes \boldsymbol{F} \\ \boldsymbol{F} \otimes \boldsymbol{I} \end{pmatrix} \in R^{2p^2 \times 2p^2}$$

$$\boldsymbol{T} = \frac{1}{h^2}\mathrm{tridiag}(-1, 2, -1) \in R^{p \times p}$$

$$\boldsymbol{F} = \frac{1}{h}\mathrm{tridiag}(-1, 1, 0) \in R^{p \times p}$$

这里 $\otimes$ 表示是 Kronecker 积，$h = \dfrac{1}{p+1}$ 和 $\boldsymbol{S} = \mathrm{tridiag}(a, b, c)$ 是三对角矩阵；$S_{i,i} = b, S_{i-1,i} = a, S_{i,i+1} = c$($i$ 取适宜的数)。

在此例中，取 $m = 2p^2$ 和 $n = p^2$，因此，变量总数为 $m + n = 3p^2$。根据表 5-1，我们取矩阵 $\boldsymbol{Q}$ 作为矩阵 $\boldsymbol{B}^{\mathrm{T}}\boldsymbol{A}^{-1}\boldsymbol{B}$ 的近似。初始向量都设为零向量，当 $\mathrm{ERR} < 10^{-6}$ 时，迭代结束。这里，ERR 定义为：

$$\mathrm{ERR} = \frac{\sqrt{\|x_k - x_*\|^2 + \|y_k - y_*\|^2}}{\sqrt{\|x_0 - x_*\|^2 + \|y_0 - y_*\|^2}}$$

表 5-1 测试矩阵的特性

类型	$\boldsymbol{Q}$	描 述
I	$\mathrm{tridiag}(\boldsymbol{B}^{\mathrm{T}}\widetilde{\boldsymbol{A}}^{-1}\boldsymbol{B})$	$\widetilde{\boldsymbol{A}} = \mathrm{tridiag}(\boldsymbol{A})$
II	$\mathrm{tridiag}(\boldsymbol{B}^{\mathrm{T}}\boldsymbol{A}^{-1}\boldsymbol{B})$	
III	$\boldsymbol{I}$	

对于各种问题相应的迭代矩阵，在表 5-2～ 表 5-4 中，根据不同阶数 m 和 n 的取值，我们分别列出了 (ω, τ) 迭代次数、绝对残差范数、中央处理器时间以及对应迭代矩阵谱半径的取值，其中 (ω, τ) 的取值与文献 [3] 中的取值相同。

在数值实验中，通过比较收敛速度、计算速度和相应迭代矩阵的谱半径，可以发现 GUSOR 迭代法比 USOR 迭代法更有效。当 p 比较小时，GUSOR 迭代法的迭代次数和中央处理器时间几乎是 USOR 迭代法相应数值的一半。但是，GUSOR 迭代法的松弛参数 α 并不是最优取值，它仅仅只是落在使迭代法收敛的区域内。所以，参数的最优取值是一个值得进一步研究的课题。

表 5-2 当 $\alpha = 0.4$ 和 Q 取第一种情况时的数值结果

方法	m	128	512	1152
	n	64	256	576
USOR	ω	1.3	1.4	1.4
	τ	0.6	0.5	0.5
	迭代次数	102	248	346
	绝对残差范数	3.18×10^{-8}	7.50×10^{-9}	1.80×10^{-8}
	中央处理器时间	0.0073	0.5343	3.1231
	$\rho(\boldsymbol{H}(\omega,\tau))$	0.8567	0.9387	0.9548
GUSOR	ω	1.3	1.4	1.4
	τ	0.6	0.5	0.5
	迭代次数	63	179	282
	绝对残差范数	2.88×10^{-7}	1.52×10^{-9}	1.20×10^{-8}
	中央处理器时间	0.0047	0.3611	2.5255
	$\rho(\boldsymbol{H}(\omega,\tau,\alpha))$	0.7677	0.9146	0.9424

表 5-3 当 $\alpha = 0.6$ 和 Q 取第二种情况时的数值结果

方法	m	128	512	1152
	n	64	256	576
USOR	ω	1.3	1.3	1.3
	τ	0.5	0.5	0.5
	迭代次数	123	212	346
	绝对残差范数	2.53×10^{-8}	2.78×10^{-8}	1.75×10^{-8}
	中央处理器时间	0.0169	0.4651	3.6313
	$\rho(\boldsymbol{H}(\omega,\tau))$	0.8817	0.9263	0.9522
GUSOR	ω	1.3	1.3	1.3
	τ	0.5	0.5	0.5
	迭代次数	62	169	280
	绝对残差范数	7.17×10^{-8}	2.16×10^{-8}	2.20×10^{-8}
	中央处理器时间	0.0081	0.3728	2.9000
	$\rho(\boldsymbol{H}(\omega,\tau,\alpha))$	0.7784	0.9027	0.9395

表 5-4 当 $\alpha = 0.4$ 和 Q 取第三种情况时的数值结果

方法	m	128	512	1152
	n	64	256	576
USOR	ω	1.3	1.4	1.3
	τ	0.6	0.5	0.5
	迭代次数	120	265	364
	绝对残差范数	2.72×10^{-8}	7.40×10^{-9}	1.70×10^{-8}
	中央处理器时间	0.0084	0.4487	3.2774
	$\rho(\boldsymbol{H}(\omega,\tau))$	0.8783	0.9427	0.9549
GUSOR	ω	1.3	1.4	1.3
	τ	0.6	0.5	0.5
	迭代次数	69	194	306
	绝对残差范数	5.02×10^{-8}	1.02×10^{-8}	1.98×10^{-8}
	中央处理器时间	0.0054	0.3234	2.6347
	$\rho(\boldsymbol{H}(\omega,\tau,\alpha))$	0.7890	0.9207	0.9448

注： 当 $\alpha = 0$ 时，本章所提的 GUSOR 迭代法就是文献 [3] 中的 USOR 迭代法，因此，GUSOR 迭代法是 GUSOR 迭代法的一个推广。通过数值实验还可发现，α 的最优取值近似取在 0.5 左右。

5.5 本章小结

在这一章中，我们首先提出了广义 USOR 迭代法来求解鞍点线性系统，进而分析讨论了当 GUSOR 迭代法收敛时参数的取值范围。实验结果表明，当松弛参数 α 取一定值时，本章所提的 GUSOR 迭代法所对应迭代矩阵的谱半径、迭代次数以及中央处理器时间都比文献 [3] 中迭代法所相应的值小，即 GUSOR 迭代法有效地改进了 USOR 迭代法的收敛速度。能否利用矩阵的其他分裂技术来加速求解鞍点线性系统，这将是我们未来所要研究的课题之一。

6 线性互补问题中基模矩阵分裂迭代法的加速研究

近年来，矩阵分裂法同样广泛地被用于求解线性互补问题。为了快速有效地求解线性互补问题，基于矩阵分裂法，Bai [2] 提出了基模矩阵分裂迭代法，用基模迭代法求解线性互补问题的过程中，可以通过直接法得到线性互补中子问题的精确解，但在整个求解过程中，解的收敛速度却很缓慢并且非常耗时。

针对求解过程中的上述问题，本章中，基于基模矩阵分裂迭代法，我们将其变形形式作为内迭代来近似地求解线性互补问题，并且具体给出所提新迭代法的不精确迭代过程。特别地，当系数矩阵为正定矩阵和 $\boldsymbol{H}_+$-矩阵时，我们进而分析讨论了所提迭代法的收敛性及其性质。最后通过数值实验，验证了提出的新方法在一定条件下比基模矩阵分裂迭代法 [2] 具有较少的迭代步数和运行时间，因此对于求解线性互补问题，本章所提方法更加快速有效。

6.1 引言

线性互补问题，即 LCP(q, A) 问题，就是找到一组实向量 $w, z \in R^n$，使得该向量组满足

$$w = \boldsymbol{A}z + \boldsymbol{q} \geqslant 0,\ \ z \geqslant 0,\ \ z^{\mathrm{T}}(\boldsymbol{A}z + \boldsymbol{q}) = 0 \tag{6.1.1}$$

这里 $\boldsymbol{A} \in R^{n\times n}$ 是一给定的实矩阵；$\boldsymbol{q} \in R^n$ 是一给定的实矩阵；z^{T} 表示向量 z^{T} 的转置。

在实际应用中，有许多问题都归结于形如式 (6.1.1) 的线性互补问题的求解，例如马尔科夫链问题、自由边界问题、网络平衡问题、最优不变资本理论问题等许多方面。更多的实际背景和相关理论，可以参考线性互补问题的相关专著 [103-105]。并且，在实际问题中，随着可用数据数量的不断增大，矩阵 $\boldsymbol{A}$ 也就变得更大更稀疏。对于线性互补问题数值解的研究，已有众多学者做出了很大贡献，提出了各种迭代算法来求解该问题，并进行了广泛深入地研究和探讨 [206,207]。例如投影松弛

迭代法 [208,209]、广义定点迭代法 [209-211] 以及多分裂迭代法 [107,108,212,213]。这里多分裂迭代法还被广泛的应用到并行计算中 [214-217]。近年来，Bai[2] 提出了基模矩阵分裂迭代法来求解 LCP(q, A) 问题，当选择不同的矩阵分裂和迭代参数时，从而产生了一系列基模矩阵分裂迭代法，如基模 Jacobi 迭代法、基模 Gauss-Seidel 迭代法、基模 SOR 迭代法以及基模 AOR 迭代法。大量的数值实验表明，在计算速度方面，基模松弛迭代法比投影松弛迭代法更加有效 [208,218]，与修正的模算法相当 [219]。通过充分利用系统矩阵 $\boldsymbol{A}$ 的多分裂，Zheng 等人 [220] 加速了基模矩阵分裂迭代法。Li 等人 [221] 将基模矩阵分裂迭代法推广到更一般的情形。特别地，当系数矩阵 $\boldsymbol{A}$ 是 $\boldsymbol{H}_+$-矩阵时，Zhang [222] 提出了两步基模矩阵分裂法，并对两步分裂迭代法的收敛性进行了分析讨论。

在本章中，基于以上所提到的基模矩阵分裂迭代法 [2]，我们对基模矩阵分裂迭代法进行改进，从而提出新的基模矩阵分裂迭代法来求解 LCP(q, A) 问题，并对算法的步骤进行描述。特别地，当系数矩阵 $\boldsymbol{A}$ 为正定矩阵或者 $\boldsymbol{H}_+$-矩阵时，本章对算法的收敛性进行了分析讨论。最后，通过数值算例对本章所提出算法的有效性给予验证。

本章的结构安排如下：首先，对本章所需要的定义、符号以及基模矩阵分裂迭代法相关结论作一简单介绍；其次，将基模矩阵分裂迭代法以及它的松弛修正形式作为内迭代得出了改进的基模矩阵分裂迭代法；接着，当系数矩阵为正定矩阵或 $\boldsymbol{H}_+$-矩阵时，分析讨论了改进的基模矩阵分裂迭代法的收敛性及其性质，并给出一些数值算例来验证所提算法的收敛性和有效性；最后，对本章内容作一简单小结和展望。

6.2　修正基模矩阵分裂迭代法

6.2.1　预备知识

在这一节里，将对本章中所要用到的定义、注释、基模矩阵分裂迭代算法及相关理论结果给予简单介绍，更多的细节和相关理论，可以参考线性互补问题的相关专著 [103,223]。

设有矩阵 $\boldsymbol{A} = (a_{ij})$ 和矩阵 $\boldsymbol{B} = (b_{ij}) \in R^{m\times n}$，对于变量 $1 \leqslant i \leqslant m$ 和变量 $1 \leqslant j \leqslant n$，如果满足 $a_{ij} \geqslant b_{ij}(a_{ij} > b_{ij})$，则称 $\boldsymbol{A} \geqslant \boldsymbol{B}(\boldsymbol{A} > \boldsymbol{B})$。令 $\|\cdot\|$ 表示 Eudlidean 范数，$\rho(\boldsymbol{A})$ 表示矩阵 $\boldsymbol{A}$ 的谱半径，对所有的变量变量 $1 \leqslant i \leqslant m$ 和变量 $1 \leqslant j \leqslant n$，如果有 $a_{ij} \geqslant 0(a_{ij} > 0)$ 恒成立，称矩阵 $\boldsymbol{A} = (a_{ij})$ 为非负（正）矩阵。$\boldsymbol{A} \geqslant 0$ 表示非负矩阵，用 $|\boldsymbol{A}|$ 表示，其元素为 $|a_{ij}|$，$\boldsymbol{A}^{\mathrm{T}}$ 为矩阵 $\boldsymbol{A}$ 的转置

矩阵。

类似的，可将上面矩阵概念很容易推广到 R^n 中的向量，可得相关向量的定义。若矩阵 $\boldsymbol{A}$ 是对称矩阵，并且对所有的 $x \in R^n \backslash \{0\}$，都有 $x^{\mathrm{T}}\boldsymbol{A}x > 0$ 成立，则称矩阵 $\boldsymbol{A}$ 为对称正定矩阵。若矩阵 $\boldsymbol{A}$ 的非对角元素都是非正的，且满足 $\boldsymbol{A}^{-1} \geqslant 0$，称矩阵 $\boldsymbol{A}$ 为 $\boldsymbol{M}$-矩阵。若矩阵 $\mathcal{M}(\boldsymbol{A})$ 是 $\boldsymbol{M}$-矩阵，则称矩阵 $\boldsymbol{A}$ 为 $\boldsymbol{H}$-矩阵。称 $\boldsymbol{A} = \boldsymbol{M} - \boldsymbol{N}$ 为矩阵 $\boldsymbol{A}$ 的一个分裂，如果矩阵 $\boldsymbol{M}$ 是非奇异矩阵。

矩阵 $\boldsymbol{A} \in R^{n\times n}$ 称为 $\boldsymbol{P}$-矩阵，如果 $\boldsymbol{A}$ 的所有主子式全都是正的（或非负的），线性互补 LCP$(q, \boldsymbol{A})$ 问题有唯一解的一个充分必要条件是，对任意的 $q \in R^n$，都有矩阵 $\boldsymbol{A} \in R^{n\times n}$ 为 $\boldsymbol{P}$-矩阵。而矩阵 $\boldsymbol{A}$ 为 $\boldsymbol{P}$-矩阵的充分条件是矩阵 $\boldsymbol{A}$ 为实正定矩阵，或矩阵 $\boldsymbol{A}$ 为实 $\boldsymbol{H}$-矩阵，并且其对角元都是正的（即 $\boldsymbol{H}_+$-矩阵 [108]）。

定理 6.2.1 [2] 设 $\boldsymbol{A} = \boldsymbol{M} - \boldsymbol{N}$ 是矩阵 $\boldsymbol{A} \in R^{n\times n}$ 的一个分裂，矩阵 $\boldsymbol{\Omega}$ 为一正的对角矩阵，参数 γ 是一正的常数。对于线性互补 LCP$(q, \boldsymbol{A})$ 问题，有如下的结论成立：

（1）设 (z, w) 是 LCP$(q, \boldsymbol{A})$ 问题的一个解，则有 $x = \dfrac{1}{2}\gamma(z - \boldsymbol{\Omega}^{-1}w)$ 满足如下隐式定点方程：

$$(\boldsymbol{\Omega} + \boldsymbol{M})x = \boldsymbol{N}x + (\boldsymbol{\Omega} - \boldsymbol{A})\,|x| - \gamma q \tag{6.2.1}$$

并且 $|x| = \dfrac{1}{2}\gamma(z + \boldsymbol{\Omega}^{-1}w)$。

（2）如果 x 满足隐式定点方程 (6.2.1)，则：

$$\begin{aligned} z &= \gamma^{-1}(|x| + x) \\ w &= \gamma^{-1}\boldsymbol{\Omega}(|x| - x) \end{aligned} \tag{6.2.2}$$

是 LCP(q, A) 问题的解。

根据定点方程 (6.2.1)，当用基模矩阵分裂迭代法求解 LCP$(q, \boldsymbol{A})$ 问题时，对任意的 $x^0 \in R$，都有如下等式成立：

$$(\boldsymbol{\Omega} + \boldsymbol{M})x^{v+1} = \boldsymbol{N}x^v + (\boldsymbol{\Omega} - \boldsymbol{A})\,|x^v| - \gamma q \quad (v = 0, 1, 2, \cdots, x^0 \in \mathbb{R}^n) \tag{6.2.3}$$

根据矩阵 $\boldsymbol{A}$ 的不同分裂，可得不同的基模矩阵分裂迭代法，如 MJ 迭代法、MGS 迭代法、MSOR 迭代法以及 MAOR 迭代法，具体有关迭代方法的研究，可参见相关文献 [2] 。

引理 6.2.1 [224] 设矩阵 $\boldsymbol{A}$ 是 $\boldsymbol{P}$-矩阵，z^* 是 LCP$(q, \boldsymbol{A})$ 问题的唯一的解。则对任意的 $z^* \in \mathbb{R}^n_+$，都有：

$$\|z-z^*\|_\infty \leqslant \frac{1+\|\boldsymbol{A}\|_\infty}{c(\boldsymbol{A})}\|\boldsymbol{RES}(z)\|_\infty$$

成立，$c(A)=\min_{\|z\|_\infty=1}\{\max_{1\leqslant i\leqslant n} z_i(Az)_i\}$ 是一正数。

6.2.2　基模矩阵分裂迭代法的修正和改进

当用式 (6.2.3) 来求 LCP$(q,\boldsymbol{A})$ 问题的精确解时，若每一步迭代都用直接法来求解系统 (6.2.3)。该迭代过程是非常耗时的。特别地，当线性互补问题的系数矩阵 $\boldsymbol{A}$ 是一个大型稀疏矩阵时，利用直接法求解则更加耗时。在这种情况下，通常考虑用迭代法来求解系统 (6.2.3)，例如 SOR 迭代法和共轭梯度法。为了减少迭代过程中的所消耗的时间，可以充分利用迭代法和基模矩阵分裂迭代法，即对基模矩阵分裂迭代法进行修正和改进，从而更加有效地加速 LCP$(q,\boldsymbol{A})$ 问题的近似求解。

为了加速线性互补问题的求解，本节我们对基模矩阵分裂迭代算法进行修正和改进。首先假设 $\boldsymbol{A}=\boldsymbol{M}-\boldsymbol{N}$ 是矩阵 $\boldsymbol{A}\in R^{n\times n}$ 的一个分裂，矩阵 $\boldsymbol{\Omega}$ 是一正的矩阵以及参数 γ 是一正数。

下面对改进后的算法步骤进行描述。

算法 6.2.1　修正的基模矩阵分裂迭代算法：

第一步：给定一初始向量 $x^0\in R^n$ 和正的参数 γ。令 $v=0$ 计算：

$$b_0=\boldsymbol{N}x^0+(\boldsymbol{\Omega}-\boldsymbol{A})|x^0|-\gamma q$$

$$r_0=(\boldsymbol{\Omega}+\boldsymbol{M})x^0-b_0$$

第二步：如果迭代向量 x^v 满足给定的循环停止标准时，则结束循环。否则，进一步计算：

$$\begin{aligned} b_v&=\boldsymbol{N}x^v+(\boldsymbol{\Omega}-\boldsymbol{A})\,|x^v|-\gamma q\\ r_v&=(\boldsymbol{\Omega}+\boldsymbol{M})x^v-b_v \end{aligned} \tag{6.2.4}$$

第三步：令 $y^{v,0}=x^v$，用迭代算法求解下列线性系统：

$$(\boldsymbol{\Omega}+\boldsymbol{M})y=b_v \tag{6.2.5}$$

使得迭代向量 $y^{v,l}$ 满足：

$$(\boldsymbol{\Omega}+\boldsymbol{M})y^{v,l}=b_v+p_v \tag{6.2.6}$$

这里

$$\|p_v\| \leqslant \varepsilon_v \|r_v\| \ \ (\ \varepsilon_v \to 0, \quad v \to \infty) \tag{6.2.7}$$

令 $x^{v+1} = y^{v,l}$, $z^{v+1} = \dfrac{1}{\gamma}(|x^{v+1}| + x^{v+1})$，$v = v + 1$ 并返回第二步。

一般情况下，在既有外循环又有内循环时，如果增加内迭代循环中的迭代步数，则外迭代的循环步数通常情况下会减少。在循环过程中，假定内外循环交换变量所需要时间减少的程度比内循环迭代所需时间增大的程度大时，则迭代法总的循环运算时间可能会降低。注意到，这里有很多种迭代算法可以用来求解线性系统 (6.2.6)，如 SOR 迭代法和共轭梯度法等。

6.2.3 主要结果

下面在这一节里，我们主要来分析当 LCP$(q, \boldsymbol{A})$ 问题中的系数矩阵 $\boldsymbol{A}$ 为正定矩阵以及 $\boldsymbol{H}_+$-矩阵时，算法 (6.2.1) 收敛所需满足的收敛条件以及迭代算法的收敛性质。

由引理 6.2.1 可得，当向量组 (z^*, w^*) 满足 LCP$(q, \boldsymbol{A})$ 时，则有 $x^* = \dfrac{1}{2}\gamma(z^* - \boldsymbol{\Omega}^{-1}w^*)$, 满足如下的隐式定点方程：

$$(\boldsymbol{\Omega} + \boldsymbol{M})x^* = \boldsymbol{N}x^* + (\boldsymbol{\Omega} - \boldsymbol{A})\,|x^*| - \gamma q \tag{6.2.8}$$

由式 (6.2.3) 和式 (6.2.8) 可得其误差表达式为：

$$(\boldsymbol{\Omega} + \boldsymbol{M})(x^{v+1} - x^*) = (b_v + p_v) - (\boldsymbol{N}x^* + (\boldsymbol{\Omega} - \boldsymbol{A})\,|x^*| - \gamma q)$$

或者等价为：

$$(x^{v+1} - x^*) = (\boldsymbol{\Omega} + \boldsymbol{M})^{-1}(b_v + p_v) - (\boldsymbol{\Omega} + \boldsymbol{M})^{-1}(\boldsymbol{N}x^* + (\boldsymbol{\Omega} - A)\,|x^*| - \gamma q) \tag{6.2.9}$$

据此，下面将对算法 (6.2.1) 的收敛性条件及其性质分别展开讨论和分析，从而得出其收敛的一个充分条件。

由于对所有的 $v = 0, 1, 2, \cdots$，都有

$$z^v = \frac{1}{\gamma}(|x^v| + x^v)$$

成立。因此，欲证明

$$\lim_{v\to+\infty} z^{(v)} = z^*$$

成立，等价于证明由算法 (6.2.1) 所得序列 $\{x^v\}_{v=0}^{+\infty}$ 的收敛性。

定理 6.2.2 假设矩阵 $\boldsymbol{A}\in R^{n\times n}$ 是一个正定矩阵或者 $\boldsymbol{H}_+$-矩阵, 矩阵 $\boldsymbol{A}=\boldsymbol{M}-\boldsymbol{N}$ 是矩阵 $\boldsymbol{A}$ 的一个分裂，这里矩阵 $\boldsymbol{M}\in R^{n\times n}$ 是一个对称正定矩阵。假定参数 γ 是一个正数，$\boldsymbol{\Omega}\in R^{n\times n}$ 是一个对角矩阵，并且其对角线上元素全部是正的，以及 $\eta(\boldsymbol{\Omega})=\left\|(\boldsymbol{\Omega}+\boldsymbol{M})^{-1}\right\|\cdot(\|\boldsymbol{N}\|+\|\boldsymbol{\Omega}-\boldsymbol{A}\|)$。如果不等式 (6.2.7) 成立且 $\eta(\boldsymbol{\Omega})<1$，则对于任意给定的初始向量 $\{z^{(0)}\}$，由算法 (6.2.1) 所得序列 $\{z^{(v)}\}$ 都收敛于 $\mathrm{LCP}(q,\boldsymbol{A})$ 问题唯一的解 $\{z_*\}$。

证明 由式 (6.2.9) 可得：

$$\begin{aligned}
\left\|x^{v+1}-x^*\right\| &= \left\|(\boldsymbol{\Omega}+\boldsymbol{M})^{-1}(b_v+p_v)-(\boldsymbol{\Omega}+\boldsymbol{M})^{-1}(\boldsymbol{N}x^*+(\boldsymbol{\Omega}-\boldsymbol{A})\left|x^*\right|-\gamma q)\right\| \\
&= \|(\boldsymbol{\Omega}+\boldsymbol{M})^{-1}(\boldsymbol{N}x^v+(\boldsymbol{\Omega}-\boldsymbol{A})\left|x^v\right|-\gamma q)+(\boldsymbol{\Omega}+\boldsymbol{M})^{-1}p_v- \\
&\quad (\boldsymbol{\Omega}+\boldsymbol{M})^{-1}(\boldsymbol{N}x^*+(\boldsymbol{\Omega}-\boldsymbol{A})\left|x^*\right|-\gamma q)\| \\
&\leqslant \|(\boldsymbol{\Omega}+\boldsymbol{M})^{-1}\boldsymbol{N}(x^v-x^*)+(\boldsymbol{\Omega}+\boldsymbol{M})^{-1}(\boldsymbol{\Omega}-\boldsymbol{A})(|x^v|-|x^*|)+ \\
&\quad (\boldsymbol{\Omega}+\boldsymbol{M})^{-1}p_v\| \\
&\leqslant \left\|(\boldsymbol{\Omega}+\boldsymbol{M})^{-1}\boldsymbol{N}\right\|\cdot\|x^v-x^*\|+\left\|(\boldsymbol{\Omega}+\boldsymbol{M})^{-1}(\boldsymbol{\Omega}-\boldsymbol{A})\right\|\cdot\||x^v|-|x^*|\| \\
&\leqslant (\left\|(\boldsymbol{\Omega}+\boldsymbol{M})^{-1}\boldsymbol{N}\right\|+\left\|(\boldsymbol{\Omega}+\boldsymbol{M})^{-1}(\boldsymbol{\Omega}-\boldsymbol{A})\right\|)(\|x^v-x^*\|) \\
&= \eta(\boldsymbol{\Omega})\left\|x^v-x^*\right\|
\end{aligned} \tag{6.2.10}$$

由于

$$\eta(\boldsymbol{\Omega})\leqslant\theta<1$$

由式 (6.2.10) 得：

$$\left\|x^{v+1}-x^*\right\|\leqslant\theta^{v-v_N}\left\|x^0-x^*\right\|\prod_{i=0}^{v_N}L_i\to 0 \text{ 当 } v\to\infty$$

成立。

综上所述，定理成立。

定义

$$\boldsymbol{RES}(z) = \min(z, \boldsymbol{A}z + q) \tag{6.2.11}$$

这里 min 算子表示两个向量的较小向量，r_v 如式 (6.2.4) 所定义。

下面，我们来确定向量 $\boldsymbol{RES}(z^v)$ 与残余向量 r_v 之间的关系，以便通过残余 r_v 来确定系统更好的一个近似解。

定理 6.2.3 假定矩阵 $\boldsymbol{A}$，$\boldsymbol{M}$ 和 $\boldsymbol{\Omega}$ 以及参数 γ 如定理 6.2.1 中所定义，迭代序列 $\{x^{(v)}\}$ 和 $\{z^{(v)}\}$ 是由算法 (6.2.1) 所得序列。设 $\{w^{(v)}\}$ 是由 $w^v = \boldsymbol{A}z^v + q$ 所得的无穷序列，则对任意的外循环迭代数 $v \geqslant 1$，都有不等式

$$|\boldsymbol{RES}(z^v)| \leqslant \frac{1}{\gamma}|r_v| \tag{6.2.12}$$

成立，这里 $\boldsymbol{RES}(z^v)$ 和 r_v 分别为式 (6.2.11) 和式 (6.2.4) 所定义。

证明 由于

$$z^v = \gamma^{-1}(|x^v| + x^v), \quad r_v = (\boldsymbol{\Omega} + \boldsymbol{M})x^v - b_v$$

通过简单计算，很容易得出：

$$\begin{aligned}
w^v &= \boldsymbol{A}z^v + q \\
&= \frac{\boldsymbol{A}}{\gamma}(|x^v| + x^v) + q \\
&= \frac{1}{\gamma}(\boldsymbol{A}(|x^v| + x^v) + \gamma q) \\
&= \frac{1}{\gamma}((\boldsymbol{\Omega} + \boldsymbol{A})x^v - (\boldsymbol{\Omega} - \boldsymbol{A})|x^v| + \gamma q + \boldsymbol{\Omega}(|x^v| - x^v)) \\
&= \frac{1}{\gamma}(\boldsymbol{\Omega}(|x^v| - x^v) + r_v) \\
&= \begin{cases} \dfrac{1}{\gamma}(r_v)_i & (x_i^v \geqslant 0) \\ \dfrac{1}{\gamma}(-2(\boldsymbol{\Omega}x^v)_i + (r_v)_i) & (x_i^v \leqslant 0) \end{cases}
\end{aligned}$$

和

$$\begin{aligned}\boldsymbol{RES}(z^v) &= \min(z^v, w^v) \\ &= \begin{cases} \dfrac{1}{\gamma}\min(2x_i^v, (r_v)_i) & (x_i^v \geqslant 0) \\ \dfrac{1}{\gamma}\min(0, -2(\boldsymbol{\Omega} x^v)_i + (r_v)_i) & (x_i^v \leqslant 0) \end{cases}\end{aligned}$$

因此有

$$\boldsymbol{RES}(z^v) \leqslant \frac{1}{\gamma}|r_v|$$

成立，定理得证。

由引理 6.2.1 和定理 6.2.3，进一步还可得到以下有关误差界的相关理论结果。

推论 假定矩阵 $\boldsymbol{A}$ 是一个 $\boldsymbol{P}$-矩阵，$z^* \in R^n$ 是线性互补 LCP$(q, \boldsymbol{A})$ 问题唯一的解。设向量 $z \in R^n$ 是由算法 (6.2.1) 所得解，残余 $r(x)$ 和 $\boldsymbol{RES}(z)$ 分别为式 (6.2.11) 和式 (6.2.4) 所定义。则对于任意给定的向量 $x \in R^n$, 有：

$$\|z - z^*\|_\infty \leqslant \frac{1}{\gamma} \cdot \frac{1 + \|\boldsymbol{A}\|_\infty}{c(\boldsymbol{A})}\|r(x)\|_\infty$$

成立。这里

$$c(\boldsymbol{A}) = \min_{\|z\|_\infty = 1}\{\max_{1 \leqslant i \leqslant n} z_i(\boldsymbol{A}z)_i\}$$

是一正数。

对于修正基模矩阵分裂迭代法所得序列 $\{x^{(v)}\}$ 和 $\{z^{(v)}\}$，由于不等式：

$$\|z^v - z^*\|_\infty \leqslant \frac{1}{\gamma} \cdot \frac{1 + \|\boldsymbol{A}\|_\infty}{c(\boldsymbol{A})}\|r(x^v)\|_\infty \leqslant \frac{1}{\gamma} \cdot \frac{1 + \|\boldsymbol{A}\|_\infty}{c(\boldsymbol{A})}\|r(x^v)\|$$

成立，由此可得，当范数 $\|r(x^v)\|_\infty$ 或者 $\|r(x^v)\|$ 充分小时，迭代法中的外迭代跳出循环。

6.3 数值实验

在这一节中，对于求解线性互补 LCP$(q, \boldsymbol{A})$ 问题，通过数值实验来验证改进的基模矩阵分裂迭代法的可行性和有效性。这里，表中列出了迭代法对应的迭代次数，内迭代的平均迭代次数，残余范数以及运行时间。定义 $\boldsymbol{RES}$ 为：

$$\boldsymbol{RES}(z^{(k)}) = \left\|\min(\boldsymbol{A}z^{(k)} + q, z^{(k)})\right\|_2$$

其中 $z^{(k)}$ 表示 LCP$(q, \boldsymbol{A})$ 问题的第 k 次近似解。

这里，初始向量设为零向量，即 $x^0 = (0,0,\cdots,0)^{\mathrm{T}} \in R^{m^2\times 1}$，并假定 $\boldsymbol{\Omega} = \dfrac{1}{2\alpha}\boldsymbol{D}$ 以及 $\gamma = 2$。

表 6-1 中列出了所要测试迭代法的缩写形式。对于 IMSOR 迭代法的内循环停止标准设为

$$\|p_v\| \leqslant \frac{1}{\sqrt{v}}\|r_v\|$$

以及 IMCG 迭代法的内循环停止标准设为：

$$\|p_v\| \leqslant \frac{1}{v}\|r_v\|$$

当 $\|r_v\|_2 \leqslant 1.0 \times 10^{-6}$ 条件满足时，外迭代跳出循环。这里所有的数值实验，都是利用 Matlab R2010a 进行的。

这里，我们在表 6-1 中列出了测试矩阵的缩写形式。

表 6-1 测试迭代法的缩写形式

算法缩写	算法描述
MSOR	基模 SOR 分裂迭代法
IMSOR	改进的基模 SOR 分裂迭代法
IMCG	改进的基模 CG 分裂迭代法

下面考虑如下线性互补 LCP$(q, \boldsymbol{A})$ 问题，这里矩阵 $\boldsymbol{A} \in R^{n\times n}$ 和 $q \in R^n$ 为：

$$\boldsymbol{A} = \mathrm{tridiag}(-l\boldsymbol{I}, \boldsymbol{S}, -r\boldsymbol{I}) = \begin{pmatrix} \boldsymbol{S} & -r\boldsymbol{I} & 0 & \cdots & 0 & 0 \\ -l\boldsymbol{I} & S & -r\boldsymbol{I} & \cdots & 0 & 0 \\ 0 & -l\boldsymbol{I} & S & \cdots & 0 & 0 \\ \vdots & \vdots & \vdots & \ddots & \vdots & \vdots \\ 0 & 0 & 0 & \cdots & \boldsymbol{S} & -r\boldsymbol{I} \\ 0 & 0 & 0 & \cdots & -l\boldsymbol{I} & \boldsymbol{S} \end{pmatrix} \in R^{n\times n}$$

和

$$q = (-1, 1, -1, \cdots, (-1)^{n-1}, (-1)^n)^{\mathrm{T}}$$

其中

$$
\boldsymbol{S} = \mathrm{tridiag}(-l, 4, -r) = \begin{pmatrix} 4 & -r & 0 & \cdots & 0 & 0 \\ -l & 4 & -r & \cdots & 0 & 0 \\ 0 & -l & 4 & \cdots & 0 & 0 \\ \vdots & \vdots & \vdots & \ddots & \vdots & \vdots \\ 0 & 0 & 0 & \cdots & 4 & -r \\ 0 & 0 & 0 & \cdots & -l & 4 \end{pmatrix} \in R^{m\times m}
$$

这里 $\boldsymbol{I}\in R^{m\times m}$ 表示单位矩阵；$\boldsymbol{O}\in R^{m\times m}$ 表示零矩阵。

假设参数 m 是给定的正数，且有 $n = m^2$。

6.3.1　对称情形

在此实验中，设 $n = 2500$，并取 $l = 1$，$r = 1$。正如我们所知，当系数矩阵 $\boldsymbol{A}\in R^{n\times n}$ 是对称正定矩阵时，$\mathrm{LCP}(q, \boldsymbol{A})$ 问题有唯一的解，这里对称正定矩阵 $\boldsymbol{M}$ 设为如下矩阵：

$$
\boldsymbol{M} = \begin{pmatrix} 4 & -1 & 0 & \cdots & 0 & 0 \\ -1 & 4 & -1 & \cdots & 0 & 0 \\ 0 & -1 & 4 & \cdots & 0 & 0 \\ \vdots & \vdots & \vdots & \ddots & \vdots & \vdots \\ 0 & 0 & 0 & \cdots & 4 & -1 \\ 0 & 0 & 0 & \cdots & -1 & 4 \end{pmatrix} \in \mathbb{R}^{n\times n}
$$

当系数矩阵为对称矩阵时，根据参数 α 和 ω 的不同取值，在表 6-2 中分别列举出了改进的基模矩阵分裂迭代法以及基模矩阵分裂迭代法所对应的迭代次数、平均迭代次数、运行时间和残余范数的值。从表 6-2 中很容易看出，无论是从迭代次数或是计算时间，还是从误差方面来说，IMSOR 迭代法要比 MSOR 迭代法整体上更加有效。特别地，当参数 α 取值比较小或者比较大时，MSOR 迭代法要比 IMSOR 迭代法消耗更多的计算时间，从而改进的基模 SOR 迭代法需要较少的迭代步数和计算时间。由此可以得出，从迭代次数和计算速度方面进行比较，改进的基模松弛迭代法要比基模迭代法更加合理有效。

表 6-2 对称情形下的数值结果

方法		MSOR			IMSOR			
α	ω	迭代次数	运行时间	$\|r_v\|$	迭代次数	平均迭代次数	运行时间	$\|r_v\|$
0.2	0.75	48	7.3008	7.48×10^{-6}	24	1.5	5.1948	5.48×10^{-6}
	0.95	43	6.4272	8.90×10^{-6}	20	1	3.7596	7.67×10^{-6}
	1.25	39	5.8188	8.85×10^{-6}	29	1.3	6.0840	5.19×10^{-6}
0.5	0.75	22	3.3852	8.38×10^{-6}	13	1.2	2.6208	6.39×10^{-6}
	0.95	18	2.6832	6.91×10^{-6}	11	1	2.0436	4.09×10^{-6}
	1.25	16	2.4024	8.72×10^{-6}	15	1.2	2.9796	2.75×10^{-6}
0.75	0.25	57	10.2961	9.32×10^{-6}	19	3.84	6.6456	3.62×10^{-6}
	0.45	156	23.2597	9.94×10^{-6}	17	2.1	4.2276	5.42×10^{-6}

6.3.2 非对称情形

在非对称实例中，设 $n=1600$，取 $l=1.5$ 和 $r=0.5$。众所周知，当系数矩阵 $\boldsymbol{A}\in R^{n\times n}$ 为严格对角占优矩阵时，LCP$(q,\boldsymbol{A})$ 问题有唯一的解。同样，这里对称正定矩阵 $\boldsymbol{M}$ 设为如下矩阵：

$$\boldsymbol{M}=\begin{pmatrix} 4 & -0.5 & 0 & \cdots & 0 & 0 \\ -0.5 & 4 & -0.5 & \cdots & 0 & 0 \\ 0 & -0.5 & 4 & \cdots & 0 & 0 \\ \vdots & \vdots & \vdots & \ddots & \vdots & \vdots \\ 0 & 0 & 0 & \cdots & 4 & -0.5 \\ 0 & 0 & 0 & \cdots & -0.5 & 4 \end{pmatrix}\in\mathbb{R}^{n\times n}$$

当系数矩阵为非对称矩阵时，用 MSOR 迭代法、IMSOR 迭代法和 IMCG 迭代法分别求解线性互补问题，所得数值结果列在表 6-3 和表 6-4 中。从这两个表中的数据可以看出，在计算时间方面，IMSOR 迭代法和 IMCG 迭代法比 MSOR 迭代法的收敛速度更快。并且，IMSOR 迭代法的收敛步数随着参数 α 取值的增大而减小，而 MSOR 迭代法的情况恰好相反，即随着参数 α 取值的增大而增大。并且

MSOR 迭代法对应的迭代次数和运行时间比 IMSOR 迭代法和 IMCG 迭代法所对应的次数要大，从而进一步验证了对称情形时的数值结果。因此，假定当参数 α 的取值在合理范围内时，对于非对称情形，IMSOR 迭代法和 IMCG 迭代法比 MSOR 迭代法更有效。通过数值实验，可以发现，对于 IMSOR 迭代法和 IMCG 迭代法来说，松弛参数 α 的最优近似取值在 0.5 附近。

表 6-3 非对称情形下的数值结果

方法		MSOR			IMSOR			
α	ω	迭代次数	运行时间	$\Vert r_v\Vert$	迭代次数	平均迭代次数	运行时间	$\Vert r_v\Vert$
0.2	0.75	44	2.6988	9.88×10^{-6}	24	1.4	2.1684	9.52×10^{-6}
	0.95	40	2.4492	8.56×10^{-6}	20	1	1.5756	8.27×10^{-6}
	1.25	41	2.5272	7.59×10^{-6}	27	1.4	2.4180	9.93×10^{-6}
0.5	0.75	60	3.6816	9.64×10^{-6}	12	1	0.9516	7.58×10^{-6}
	0.95	79	4.8360	9.85×10^{-6}	8	1	0.6240	3.10×10^{-6}
	1.25	113	6.9264	9.40×10^{-6}	13	1	1.0608	3.34×10^{-6}
0.75	0.75	127	8.0341	8.58×10^{-6}	16	1	1.2636	4.78×10^{-6}
	0.95	108	6.6144	8.03×10^{-6}	10	1	0.7956	5.84×10^{-6}
	1.25	88	5.3820	7.58×10^{-6}	16	1.1	1.3260	9.32×10^{-6}

表 6-4 非对称情形下 IMCG 迭代法所对应的数值结果

α	迭代次数	平均迭代次数	运行时间	$\Vert r_v\Vert$
0.25	38	3.5	2.7144	6.72×10^{-6}
0.3	32	3.5	2.2308	8.08×10^{-6}
0.4	25	3.5	1.7472	7.47×10^{-6}
0.5	21	3.5	1.4820	8.55×10^{-6}
0.6	20	3.7	1.4196	6.76×10^{-6}
0.75	39	4.7	2.9328	8.68×10^{-6}
0.8	52	5	3.9780	8.84×10^{-6}

6.4 本章小结

在本章中，为了加速求解线性互补问题，我们提出了将基模矩阵分裂迭代法以及它的松弛修正形式作为内迭代，从而得出改进的基模矩阵分裂迭代法，并进一步分析了当系数矩阵是正定矩阵或者 $\boldsymbol{H}_+$-矩阵时，改进的基模矩阵分裂迭代法的收敛性及其迭代法的性质。最后通过对称和非对称两种情形下的数值实验，验证了改进的基模矩阵分裂迭代法在计算时间和迭代次数上都优于文献 [2] 中的基模矩阵分裂法。矩阵的分裂方法很多，是否可以利用其他的分裂法来加速求解线性互补问题，这将是我们未来所要研究的课题之一。

7 总结与展望

7.1 总结

本书根据矩阵的不同分裂技术，利用矩阵分裂迭代法来求解大型稀疏线性代数方程组，对该问题进行了深入地研究。特别是系统研究了用不同的分裂方法来分别求解不同的线性系统，如复线性系统、分数阶扩散方程、带位移线性系统、鞍点问题以及线性互补问题，并对分裂算法的收敛性及其性质等进行了深入地分析和讨论，形成了丰富的理论成果体系。本书对以下问题进行了研究：

（1）基于矩阵的 Hermitian 和 skew–Hermitian 分裂迭代法（HSS），为加速求解复对称线性系统，提出了一种广义修正 Hermitian 和 skew–Hermitian 分裂迭代法（GMHSS）来。该算法是根据 MHSS 迭代法添加一个新的参数 α 和矩阵 $\boldsymbol{P}$ 而得到的。当参数满足一定条件时，建立了 GMHSS 分裂迭代法的相关收敛性理论。通过数值实验表明，所提迭代算法提高了 MHSS 迭代法的收敛速度，验证了新算法的有效性。

（2）根据矩阵的 HSS 分裂迭代法来求解带有常数项系数的分数阶对流–弥散方程，该方程是用带有转移 Grunwald 格式的隐式有限差分法离散化而得到的，所得线性系统的系数矩阵是正定矩阵，并且带有 Toeplitz-like 结构。在 HSS 分裂迭代法中，需要分别求两个线性子系统的解。这里利用 Krylov 子空间法求解每一个线性子系统，并利用快速傅里叶变换（FFTs）降低迭代过程中的矩阵–向量乘的计算量，用 Strang 的预条件矩阵和 T. Chan 的预条件矩阵作为循环预处理子，加速 Krylov 子空间迭代法求解线性子系统的收敛速度。理论分析了所提算法的收敛性以及预条件矩阵谱的性质，并证明了所提迭代法的超线性收敛性。最后，通过数值实验验证了算法的有效性。

（3）基于矩阵 $\boldsymbol{A}$ 的 $\boldsymbol{LDU}$ 分解技术，对于带位移线性系统，提出一种新的修正策略来更新预条件矩阵。该预处理技术是根据不同的位移参数 α 得到系数矩阵 $a+\alpha\boldsymbol{I}$ 对应的预处理子，进而讨论了新预条件子的性质以及谱的上限。该技术推广了文献 [1] 中预处理子的更新技术。数值实验表明，当参数 α 在一个比较大的范围内取值时，所提预处理技术是有效的。

（4）根据矩阵的$\boldsymbol{LDU}$ 分裂，关于鞍点问题的求解，提出广义 Uzawa–SOR 迭代法（GUSOR）。该方法推广了 USOR 迭代法 [3]，进而分析了 GUSOR 迭代矩阵的特征值、特征向量的性质及收敛性理论结果。最后，数值实验表明，GUSOR 迭代法加快了 USOR 迭代法的收敛速度。

（5）将矩阵分裂技术用于加速求解线性互补问题。基于基模矩阵分裂迭代法，将其变形形式作为内迭代法，来近似求解线性互补问题，并具体给出所提新方法的不精确迭代过程。特别地，当系数矩阵为正定矩阵和 $\boldsymbol{H}_+$-矩阵时，分析了所提出新方法的收敛性及其性质。数值实验验证了所提出方法在适当条件下比基模矩阵分裂迭代法 [2] 更加可行有效。

本书的部分内容已公开发表, 参见文献 [225-228]。

7.2 展望

大规模线性方程组的快速迭代求解速度一直是科学计算中的重点课题之一，尽管现存的迭代方法很多，但目前的成果还远远没有达到令人满意的程度，也没有一种对所有大规模方程组都通用的快速有效迭代方法。求解线性系统的迭代算法以及预处理技术博奥精深，人们对计算精度及速度的要求不断提高，还有大量的问题有待于我们深入地研究和探讨。如何综合现有的科学计算技术，将理论和实际问题相结合，切实有效地解决工程中的数值代数问题，是作者当前和今后的主要研究工作和方向。

参考文献

[1] Bellavia S, Simone V D, Serafino D D, et al. Efficient preconditioner updates for shifted linear system[J]. SIAM Journal on Scientific Computing, 2011, 33(4): 1785-1809.

[2] Bai Z Z. Modulus-based matrix splitting iteration methods for linear complementarity prob–lems[J]. Numerical Linear Algebra with Applications, 2010, 17(6): 917-933.

[3] Zhang J J, Shang J J. A class of Uzawa-SOR methods for saddle point problems[J]. Applied Mathematics and Computation, 2010, 216(7): 2163-2168.

[4] 石钟慈, 袁亚湘. 大规模科学与工程计算的理论和方法 [M]. 湖南：湖南科学技术出版社, 1998.

[5] 石钟慈. 科学与工程计算 [J]. 大自然探索, 1999, 18 (68): 1-3.

[6] Jin J M. The finite element method in electro magnetics[M].New York: John Wiley and Sons, 1993.

[7] Golub G H, Loan C F V. Matrix computations.[M]. Baltimore, MD: Johns Hopkins University Press, 1996.

[8] Arioli M, Duff I S, de Rijk P P M. On the augmented system approach to sparse least squares problems [J]. Numer. Math, 1989, 55: 667-684.

[9] Horn R A, Johnson C R. Topics in matrix analysis[M].UK: Cambridge University Press, 1991.

[10] 张韵华, 奚梅成, 陈效群. 数值计算方法与算法 [M]. 北京：科学出版社, 2006.

[11] 吕同富, 康兆敏, 方秀男. 数值计算方法 [M]. 北京：清华大学出版社, 2008.

[12] 奚梅成. 数值分析方法 [M]. 合肥：中国科学技术大学出版社, 1995.

[13] 钟尔杰, 黄廷祝. 数值分析 [M]. 北京：高等教育出版社, 2004.

[14] 张平文, 李铁军. 数值分析 [M]. 北京：北京大学出版社, 2007.

[15] Demmel J W. Applied numerical linear algebra[M]. Philadelphia: SIAM, 1997.

[16] 徐树方, 高立, 张平文. 数值线性代数 [M]. 北京：北京大学出版社, 2002.

[17] 曹志浩, 高立, 张平文. 数值线性代数 [M]. 上海：复旦大学出版社, 2002.

[18] 张凯院, 徐仲. 数值代数 [M]. 北京：科学出版社, 2006.

[19] 胡家赣. 线性代数方程组迭代解法 [M]. 北京：科学出版社, 1997.

[20] 徐树方. 矩阵计算的理论与方法 [M]. 北京：北京大学出版社, 1995.

[21] Saad Y. Iterative methods for sparse linear systems[M]. Philadelphia: SIAM, 2003.

[22] Meurant G. Computer solution of large linear systems[M]. Amsterdam: Elsevier, 1999.

[23] Young D M. Iterative solution of large linear systems[M]. New York: Academic Press, 1971.

[24] Axelsson O. Iterative solution methods[M]. New York: Cambridge University Press,

1994.

[25] 盛新庆. 计算电磁学要论 [M]. 北京: 科学出版社, 2004.

[26] 王秉中. 计算电磁学 [M]. 北京: 科学出版社, 2002.

[27] Liu J W H. The multifrontal method for sparse matrix solution: theory and practice[J]. SIAM Review, 1992, 34(1): 82-109.

[28] Demmel J W, Eisenstat S C, Gilbert J R. A supernodal approach to sparse partial pivoting[J]. SIAM Journal on Matrix Analysis and Applications, 1999, 20(3): 720-755.

[29] Galantai A. Perturbations of triangular matrix factorizations[J]. Linear and Multilinear Algebra, 2003, 51(2): 175-198.

[30] Schenk O, Gaertner K. On fast factorization pivoting methods for sparse symmetric indefinite systems[J]. Electronic Transactions on Numerical Analysis, 2006, 23: 158-179.

[31] Lyons W, Ceniceros H D, Chandrasekaran S, et al. Fast algorithms for spectral collocation with non-periodic boundary conditions[J]. Journal of Computational Physics, 2005, 207(1): 173-191.

[32] Calvetti D, Reichel L. A hybrid iterative method for symmetric positive definite linear systems[J]. Numerical Algorithms, 1996, 11(1): 79-98.

[33] Amestoy P R, Davis T A, Duff I S. An approximate minimum degree ordering algorithm[J]. SIAM Journal on Matrix Analysis and Applications, 1996, 17(4): 886-905.

[34] Duff I S. MA57-a code for the solution of sparse symmetric definite and indefinite systems[J]. ACM Transactions on Mathematical Software, 2004, 30(2): 118-144.

[35] Duff I S, Scott J A. A parallel direct solver for large sparse highly unsymmetric linear systems[J]. ACM Transactions on Mathematical Software, 2004, 30(2): 95-117.

[36] Wu X Y. An effective predictor-corrector process for large scale linear system of equations[J]. Applied Mathematics and Computation, 2006, 180(1): 160-166.

[37] Schwarz F. Ideal intersections in rings of partial differential operators[J]. Advances in Applied Mathematics, 2011, 47(1): 140-157.

[38] Chen Y Z, Lee K Y. Solution of flat crack problem by using variational principle and differen tial-integral equation[J]. International Journal of Solids and Structures, 2002, 39(23): 5787-5797.

[39] Bergamaschi L. On eigenvalue distribution of constraint-preconditioned symmetric saddle point matrices[J]. Numerical Linear Algebra with Applications, 2012, 19(4): 754-772.

[40] Shaidurov V V. Some estimates of the rate of convergence for the cascadic conjugate gradient method[J]. Computers and Mathematics with Applications, 1996, 31(4~5): 161-171.

[41] Chang P S, Willson A N. Analysis of conjugate gradient algorithms for adaptive filtering[J]. IEEE Transactions on Signal Processing, 2000, 48(2): 409-418.

[42] Evans D J, Martins M M, Trigo M E. On the convergence of some generalized iterative methods with preconditioning[J]. International Journal of Computer Mathematics, 1992, 44(1-4): 19-28.

[43] Jia Z X. The convergence of Klylov subspace methods for large unsymmetric linear systems[J]. Acta Mathematiea Sinica, 1998, 14(4): 507-518.

[44] Yalamov P, Evans D J. Round-off analysis of the wz matrix factorisation method[J]. International Journal of Computer Mathematics, 1994, 53(1-2): 61-81.

[45] Axelsson O, Kucherov A. Real valued iterative methods for solving complex symmetric linear systems[J]. Numerical Linear Algebra with Applications, 2000, 7(4): 197-218.

[46] Saad Y, Van der Vorst H A. Iterative solution of linear systems in the 20th century[J]. Journal of Computational and Applied Mathematics, 2000, 123(1-2): 1-33.

[47] Bai Z Z, Golub G H, Ng M K. Hermitian and skew-Hermitian splitting methods for non- Hermitian positive definite linear systems[J]. SIAM Journal on Matrix Analysis and Applications, 2003, 24(3): 603-626.

[48] Varga R S. Matrix iterative analysis[M]. New York: Springer Verlag, 2000.

[49] Bai Z Z, Golub G H, Ng M K. On successive-over relaxation acceleration of the Hermitian and skew-Hermitian iterations[J]. Numerical Linear Algebra with Applications, 2007, 14(4): 319-335.

[50] Bai Z Z, Golub G H, Lu L Z, et al. Block triangular and skew-Hermitian splitting methods for positive-definite linear systems[J]. SIAM Journal on Scientific Computing, 2005, 26(3): 844-863.

[51] Bai Z Z, Golub G H, Ng M K. On inexact Hermitian and skew-Hermitian splitting methods for non-Hermitian positive definite linear systems[J]. Linear Algebra and its Applications, 2008, 428(2-3): 413-440.

[52] Bai Z Z. On semi-convergence of Hermitian and skew-Hermitian splitting methods for singular linear systems[J]. Computing, 2010, 89(3-4): 171-197.

[53] Benzi M, Golub G H. A preconditioner for generalized saddle point problems[J]. SIAM Journal on Matrix Analysis and Applications, 2004, 26(1): 20-41.

[54] Simoncini V, Benzi M. Spectral properties of the Hermitian and skew-Hermitian splitting pre-conditioner for saddle point problems[J]. SIAM Journal on Matrix Analysis and Applications, 2004, 26(2): 377-389.

[55] Pan J Y, Ng M K, Bai Z Z. New preconditioners for saddle point problems[J]. Applied Mathematics and Computation, 2006, 172(2): 762-771.

[56] Bai Z Z, Benzi M, Chen F. Modified HSS iteration methods for a class of complex

symmetric linear systems[J]. Computing, 2010, 87(3-4): 93-111.

[57] Guo X X, Wang S. Modified HSS iteration methods for a class of non-Hermitian positive-definite linear systems[J].Applied Mathematics and Computation, 2012, 218(20): 10122-10128.

[58] Bai Z Z. On Hermitian and skew-Hermitian splitting iteration methods for continuous sylvester equations[J]. Journal of Computational Mathematics, 2011, 29(2): 185-198.

[59] Bai Z Z, Golub G H, Ng M K. On successive-over relaxation acceleration of the Hermitian and skew-Hermitian splitting iterations[J]. Numerical Linear Algebra with Applications, 2007, 14(4): 319-335.

[60] Wang X, Li W W, Mao L Z. On positive-definite and skew-Hermitian splitting iteration methods for continuous sylvester equation AX+XB=C[J]. Computers and Mathematics with Applications, 2011, 66(11): 2352-2361.

[61] Zheng Q Q, Ma C F. On normal and skew-Hermitian splitting iteration methods for large sparse continuous Sylvester equations[J]. Journal of Computational and Applied Mathematics, 2014, 268(1): 145-541.

[62] Meerschaert M M, Tadjeran C. Finite difference approximations for fractional advection-dispersion flow equations[J]. Journal of Computational and Applied Mathematics, 2004, 172(1): 65-77.

[63] Meerschaert M M, Tadjeran C. Finite difference approximations for two-sided space-fractional partial differential equations[J]. Applied Numerical Mathematics, 2006, 56(1): 80-90.

[64] Zhang Y, Benson D A, Reeves D M. Time and space nonlocalities underlying fractional-derivative models: distinction and literature review of field applications[J]. Advances in Water Resources, 2009, 32(4): 561-581.

[65] Heymans N, Podlubny I. Physical interpretation of initial conditions for fractional differential equations with Riemann-Liouville fractional derivatives[J]. Rheologica Acta, 2006, 45(5): 765-771.

[66] Wang K, Wang H. A fast characteristic finite difference method for fractional advection-diffusion equations[J].Advances in Water Resources, 2011, 34(7): 810-816.

[67] Yin J F, Bai Z Z. The restrictively preconditioned conjugate gradient methods on normal residual for two-by-two linear systems[J]. Journal of Computational Mathematics, 2008, 26(2): 240-249.

[68] Lei S L, Sun H W. A circulant preconditioner for fractional diffusion equations[J]. Journal of Computational Physics, 2013, 242: 715-725.

[69] Gu X M, Huang T Z, Zhao X L, et al. Strang-type preconditioners for solving fractional diffusion equations by boundary value methods[J].Journal of Computational and Applied Math-ematics, 2015, 277: 73-86.

[70] Benzi M, Bertaccini D. Approximate inverse preconditioning for shifted linear systems[J].BIT Numerical Mathematics, 2003, 43(2): 231-244.

[71] Bertaccini D. Efficient preconditioning for sequences of parametric complex symmetric linear systems[J].Electronic Transactions on Numerical Analysis, 2004, 18: 49-64.

[72] Calgaro C, Chehab J P, Saad Y. Incremental incomplete LU factorizations with applications[J].Numerical Linear Algebra with Applications, 2010, 17(5): 811-837.

[73] Tebbens J D, Tuma M. Efficient preconditioning of sequences of nonsymmetric linear systems[J].SIAM Journal on Scientific Computing, 2007, 29(5): 1918-1941.

[74] Tebbens J D, Tuma M. Preconditioner updates for solving sequences of linear systems in matrix-free environment[J]. Numerical Linear Algebra with Applications, 2010, 17(6): 997-1019.

[75] Meurant G. On the incomplete Cholesky decomposition of a class of perturbed matrices[J].SIAM Journal on Scientific Computing, 2001, 23(2): 419-429.

[76] Benzi M, Cullum J K, Tuma M. Robust approximate inverse preconditioning for the conjugate gradient method[J].SIAM Journal on Scientific Computing, 2000, 22(4): 1318-1332.

[77] Bai Z Z. Structured preconditioners for nonsingular matrices of block two-by-two structures[J].Mathematics of Computation, 2006, 75(254): 791-815.

[78] Bai Z Z, Li G Q. Restrictively preconditioned conjugate gradient methods of linear equations[J].IMA Journal of Numerical Analysis, 2003, 23(4): 561-580.

[79] Simoncini V, Benzi M. Spectral properties of the hermitian and skew-Hermitian splitting preconditioner for saddle point problems[J].SIAM Journal on Matrix Analysis and Applications, 2004, 26(2): 377-389.

[80] Chen X J. On preconditioned Uzawa methods and SOR methods for saddle-point problems[J].Journal of Computational and Applied Mathematics, 1998, 100(2): 207-224.

[81] Golub G H, Wu X, Yuan J Y. SOR-like methods for augmented systems[J]. BIT, 2001(55): 71-85.

[82] Darvishi M T, Hessari P. Symmetric SOR method for augmented systems[J].Applied Mathe-matics and Computation, 2006, 183(1): 409-415.

[83] Bai Z Z, Parlett B N, Wang Z Q. On generalized successive overrelaxation methods for augmented linear systems[J]. Numerische Mathematik, 2005, 102(1): 1-38.

[84] Chen F, Jiang Y L. A generalization of the inexact parameterized Uzawa methods for saddle point problems[J]. Applied Mathematics and Computation, 2008, 206(2): 765-771.

[85] Bai Z Z, Golub G H. Accelerated Hermitian and skew-Hermitian splitting iteration methods for saddle-point problems[J].IMA Journal of Numerical Analysis, 2007,

27(1): 1-23.

[86] Li C, Evans D J. A new iterative method for large sparse saddle point problems[J].International Journal of Computer Mathematics, 2000, 74(4): 529-536.

[87] Bramble J H, Pasciak J E, Vassilev A T. Analysis of the inexact Uzawa algorithm for saddle point problems[J].SIAM Journal on Numerical Analysis, 1997, 34(3): 1072-1092.

[88] Bramble J H, Pasciak J E, Vassilev A T. Uzawa type algorithm for nonsymmetric saddle point problems[J].Mathematics of Computation, 2000, 69(230): 667-689.

[89] Bai Z Z, Golub G H, Li C K. Convergence properties of preconditioned Hermitian and skew-Hermitian splitting methods for non-Hermitian positive semidefinite matrices[J].Mathematics of Computation, 2006, 76(257): 287-298.

[90] Cao Z H. Fast uzawa algorithm for generalized saddle point problems[J].Applied Numerical Mathematics, 2003, 46(2): 157-171.

[91] Benzi M, Golub G H. A preconditioner for generalized saddle point problems[J].SIAM Journal on Matrix Analysis and Applications, 2004, 26(1): 20-41.

[92] Dollar H S. Constraint-style preconditioners for regularized saddle point problems[J].SIAM Journal on Matrix Analysis and Applications, 2007, 29(2): 672-684.

[93] Simoncini V. Block triangular preconditioners for symmetric saddle-point problems[J].Applied Numerical Mathematics, 2004, 49(1): 63-80.

[94] Golub G H, Wathen A. An iteration for indefinite systems and its application to the Navier-Stokes equations[J].SIAM Journal on Scientific Computing, 1998, 19(2): 530-539.

[95] Bai Z Z, Wang Z Q. Restrictive preconditioners for conjugate gradient methods for symmetric positive definite linear systems[J].Journal of Computational and Applied Mathematics, 2006, 187(2): 202-226.

[96] Duff I S, Gould N I M, Reid J K, et al. The factorization of sparse symmetrical indefinite matrices[J].IMA Journal of Numerical Analysis, 1991, 11(2): 181-204.

[97] Hadjidimos A, Tzoumas M. Nonstationary extrapolated modulus algorithms for the solution of the linear complementarity problem[J].Linear Algebra and its Applications, 2009, 431(1-2): 197-210.

[98] Gould N, Hribar M, Nocedal J. On the solution of equality constrained quadratic programming problems arising in optimization[J].SIAM Journal on Scientific Computing, 2001, 23(4): 1375-1394.

[99] Gould N I M, Hribar M E, Nocedal J. On the solution of equality constrained quadratic programming problems arising in optimization[J].SIAM Journal on Scientific Computing, 2001, 23(4): 1376-1395.

[100] Duff I S, Reid J K. Exploiting zeros on the diagonal in the direct solution of indefinite

sparse symmetric linear systems[J].ACM Transactions on Mathematical Software, 1996, 22(2): 227-257.

[101] Arioli M, Manzini G. A null space algorithm for mixed finite-element approximations of Darcy's equation[J]. Communications in Numerical Methods in Engineering, 2002, 18(9): 645-657.

[102] Sarin V, Sameh A. An efficient iterative method for the generalized stokes problem[J].SIAM Journal on Scientific Computing, 1998, 19(1): 206-226.

[103] Cottle R W, Pang J S, Stone R E. The linear complementarity problem[M].San Diego: Academic, 1992.

[104] Ferris M C, Pang J S. Engineering and economic applications of complementarity problems[J].SIAM Review, 1997, 39(4): 669-713.

[105] Murty K G. Linear complementarity, linear and nonlinear programming[M].Berlin: Heldermann Verlag, 1988.

[106] Cvetkovi L, Rapaji S. How to improve MAOR method convergence area for linear comple mentarity problems[J]. Applied Mathematics and Computation, 2005, 162(2): 577-584.

[107] Bai Z Z, Evans D J. Matrix multisplitting relaxation methods for linear complementarity problems[J].International Journal of Computer Mathematics, 1997, 63(3-4): 309-326.

[108] Bai Z Z. On the convergence of the multisplitting methods for the linear complementarity problem[J].SIAM Journal on Matrix Analysis and Applications, 1999, 21: 67-78.

[109] Bai Z Z. The convergence of parallel iteration algorithms for linear complementarity problems[J].Computers and Mathematics with Applications, 1996, 32(9): 1-17.

[110] Bai Z Z. On the monotone convergence of matrix multisplitting relaxation methods for the linear complementarity problem[J].IMA Journal of Numerical Analysis, 1998, 18(4): 509-518.

[111] Bai Z Z. Modulus-based matrix splitting iteration methods for linear complementarity problems[J].Numerical Linear Algebra with Applications, 2010, 17(6): 917-933.

[112] Bai Z Z, Zhang L L. Modulus-based synchronous two-stage multisplitting iteration methods for linear complementarity problems[J].Numerical Algorithms, 2013, 62(1): 59-77.

[113] Van Bokhoven W M G. Piecewise-linear modelling and analysis[M].Proefschrift: Eindhoven, 1981.

[114] Dong J L, Jiang M Q. A modified modulus method for symmetric positive-definite linear complementarity problems[J]. Linear Algebra and its Applications, 2009, 16(2): 129-143.

[115] Zhang L L, Ren Z R. Improved convergence theorems of modulus-based matrix splitting iteration methods for linear complementarity problems[J].Applied Mathematics Letters, 2013, 26(6): 638-642.

[116] Li W. A general modulus-based matrix splitting method for linear complementarity problems of H-matrices[J].Applied Mathematics Letters, 2013, 26(12): 1159-1164.

[117] Bai Z Z. On semi-convergence of Hermitian and skew-Hermitian splitting methods for singular linear systems[J].Computing, 2010, 89(3-4): 171-197.

[118] Li L, Huang T Z, Liu X P. Modified Hermitian and skew-Hermitian splitting methods for non-Hermitian positive-definite linear systems[J].Numerical Linear Algebra with Applications, 2007, 14(3): 217-235.

[119] Bai Z Z, Golub G H, Pan J Y. Preconditioned Hermitian and skew-Hermitian splitting methods for non-Hermitian positive semidefinite linear systems[J].Numerische Mathematik, 2004, 98(1): 1-32.

[120] Bertaccini D, Golub G H, Capizzano S S, et al. Preconditioned HSS methods for the solution of non-Hermitian positive definite linear systems and applications to the discrete convection-diffusion equation[J].Numerische Mathematik, 2005, 99(3): 441-484.

[121] Benzi M. A generalization of the Hermitian and skew-Hermitian splitting iteration[J].SIAM Journal on Matrix Analysis and Applications, 2009, 31(2): 360-374.

[122] Berman A, Plemmons R J. Nonnegative Matrices in the Mathematical Sciences[M].Philadelphia: SIAM, 1994.

[123] Varga R S. Matrix iterative analysis[M].New York: Springer Verlag, 2000.

[124] Golub G H, Vanderstraeten D. On successive-over relaxation acceleration of the Hermitian and skew-Hermitian splitting iterations[J].Numerical Linear Algebra with Applications, 2007, 14(4): 319-335.

[125] Benzi M, Gander M J, Golub G H. Optimization of the Hermitian and skew-Hermitian splitting iteration for saddle-point problems[J].BIT Numerical Mathematics, 2003, 43(5): 881-900.

[126] Huang T Z, Wu S L, Li C X. The spectral properties of the Hermitian and skew-Hermitian splitting preconditioner for generalized saddle point problems[J].Journal of Computational and Applied Mathematics., 2009, 229(1-2): 37-46.

[127] Greif C, Varah J. Block stationary methods for nonsymmetric cyclically reduced systems arising from three-dimensional elliptic equations[J].SIAM Journal on Matrix Analysis and Applications, 1999, 20(4): 1038-1059.

[128] Elman H C, Golub G H. Iterative methods for cyclically reduced non-self-adjoint linear systems[J].Mathematics of Computation, 1991, 56(193): 215-242.

[129] Li L, Huang T Z, Liu X P. Asymmetric Hermitian and skew-Hermitian splitting

methods for positive definite linear systems[J].Computers and Mathematics with Applications, 2007, 54(1): 147-159.

[130] Chan L C, Ng M K, Tsing N K. Spectral analysis for HSS preconditioners[J].Numerical Mathematics-Theory Methods and Applications, 2008, 1(1): 57-77.

[131] Bai Z Z, Golub G H, Li C K. Optimal parameter in Hermitian and skew-Hermitian splitting method for certain two-by-two block matrices[J].SIAM Journal on Scientific Computing, 2006, 28(2): 583-603.

[132] Bai Z Z, Golub G H, Li C K. Convergence properties of preconditioned Hermitian and skew-Hermitian splitting methods for non-Hermitian positive semidefinite matrices[J].Mathematics of Computation, 2006, 76(257): 287-298.

[133] Benzi M, Bertaccini D. Block preconditioning of real-valued iterative algorithms for complex linear systems[J].IMA Journal of Numerical Analysis, 2008, 28(3): 598-618.

[134] Benzi M, Liu J. An efficient solver for the incompressible Navier-Stokes equations in rotation form[J].SIAM Journal on Scientific Computing, 2007, 29(5): 1959-1981.

[135] Axelsson O. Real valued iterative methods for solving complex symmetric linear systems[J].Numerical Linear Algebra with Applications, 2000, 7(4): 197-218.

[136] Chen M P, Srivastava H M, Yu C S. Some operators of fractional calculus and their applications involving a novel class of analytic functions[J].Applied Mathematics and Computation, 1998, 91(2-3): 285-296.

[137] Baeumer B, Benson D A, Meerschaert M M, et al. Subordinated advection-dispersion equation for contaminant transport[J].Water Resources Research, 2001, 37(6): 1543-1550.

[138] Dietrich L, Lekszycki T, Turski K. Problems of identification of mechanical characteristics of viscoelastic composites[J].Acta Mechanica, 1998, 126(1): 153-167.

[139] Benson D A, Wheatcraft S W, Meerschaert M M. Application of a fractional advection-dispersion equation[J]. Water Resources Research, 2000, 36(6): 1403-1412.

[140] Mainardi F, Raberto M, Gorenflo R. Fractional calculus and continuous-time finance Ⅱ: the waiting-time distribution[J]. Physica A: Statistical Mechanics and its Applications, 2000, 287(3-4): 468-481.

[141] Meerschaert M M, Scalas E. Coupled continuous time random walks in finance[J].Physica A: Statistical Mechanics and its Applications, 2006, 370(1): 114-118.

[142] Raberto M, Scalas E, Mainardi F. Waiting-times and returns in high-frequency financial data: An empirical study[J].Physica A, 2002, 314(1-4): 749-755.

[143] Chaves A S. A fractional diffusion equation to describe Levy flights[J].Physics Letters A, 1998, 239(1-2): 285-296.

[144] Askey R, Suslov S K. The q-harmonic oscillator and an analogue of the charlier

polynomials[J].Journal of Physics A: Mathematical and General, 1993, 26(15): L693-L698.

[145] Basu T S, Wang H. A fast second-order finite difference method for space-fractional diffusion equations[J]. International Journal of Numerical Analysis and Modeling, 2012, 9(3): 658-666.

[146] Gao G H, Sun Z Z. A compact finite difference scheme for the fractional sub-diffusion equations[J].Journal of Computational Physics, 2011, 230(3): 586-595.

[147] Schere R, Kalla S L, Boyadjievc L. Numerical treatment of fractional heat equations[J].Applied Numerical Mathematics, 2008, 58(8): 1212-1223.

[148] Yuste S B. Weighted average finite difference methods for fractional diffusion equation[J].Journal of Computational Physics, 2006, 216(1): 264-274.

[149] Zhuang P, Liu F, Anh V. New solution and analytical techniques of the implicit numerical method for the anomalous subdiffusion equation[J].SIAM Journal on Numerical Analysis, 2008, 46(2): 1079-1095.

[150] Shen S, Liu F, Anh V. The fundamental solution and numerical solution of the Riesz fractional advection dispersion equation[J].IMA Journal of Applied Mathematics, 2008, 73(6): 850-872.

[151] Yang Q, Liu F, Turner I. Numerical methods for fractional partial differential equations with Riesz space fractional derivatives[J].Applied Mathematical Modelling, 2010, 34(1): 200-218.

[152] Zhuang P, Liu L, Anh V. Numerical methods for the variable-order fractional advection-diffusion with a nonlinear source term[J].SIAM Journal on Numerical Analysis, 2009, 47(3): 1760-1781.

[153] Liu F, Zhuang P, Burrage K. Numerical methods and analysis for a class of fractional advection-dispersion models[J]. Computers and Mathematics with Applications, 2012, 64(10): 2990-3007.

[154] Shen S, Liu F, Chen J. Numerical techniques for the variable order time fractional diffusion equation[J].Applied Mathematics and Computation, 2012, 218(22): 10861-10870.

[155] Shen S, Liu F, Anh V. The fundamental solution and numerical solution of the Riesz fractional advection-dispersion equation[J].IMA Journal of Applied Mathematics, 2008, 73(6): 850-872.

[156] Yang Q, Turner I, Liu F. Novel numerical methods for solving the time-space fractional diffusion equation in two equations[J].SIAM Journal on Scientific Computing, 2011, 33(3): 1159-1180.

[157] Liu Y, Fang Z C, Li H. A mixed finite element method for a time-fractional fourth-order partial differential equation[J]. Applied Mathematics and Computation, 2014,

243: 703-717.

[158] Beumer B, Kovacs M, Meerschaert M M. Numerical solutions for fractional reaction diffusion equations[J].Computers and Mathematics with Applications, 2008, 55(10): 2212-2226.

[159] Cui M. Compact finite difference method for the fractional diffusion equation[J].Journal of Computational Physics, 2009, 228(20): 7792-7804.

[160] Langlands T A M, Henry B I. The accuracy and stability of an implicit solution method for the fractional diffusion equation[J].Journal of Computational Physics, 2005, 205(2): 719-736.

[161] Deng W. Finite element method for the space and time fractional Fokker-Planck equation[J].SIAM Journal on Numerical Analysis, 2008, 47(1): 204-226.

[162] Ervin V J, Heuer N, Roop J P. Numerical approximation of a time dependent, nonlinear, space-fractional diffusion equation[J].SIAM Journal on Numerical Analysis, 2007, 45(2): 572-591.

[163] Li X, Xu C. Existence and uniqueness of the week solution of the space-time fractional diffusion equation and a spectral method approximation[J].Communications in Computational Physics, 2010, 8(5): 1016-1051.

[164] Lin R, Liu F, Anh V, et al. Stability and convergence of a new explicit finite-difference approximation for the variable-order nonlinear fractional diffusion equation[J].Applied Mathematics and Computation, 2009, 212(2): 435-445.

[165] Ervin V J, Roop J P. Variational formulation for the stationary fractional advection dispersion equation[J]. Numerical Methods for Partial Differential Equations, 2006, 22(3): 558-576.

[166] Liu F, Anh V, Turner I. Numerical solution of the space fractional Fokker-Planck equation[J].Journal of Computational and Applied Mathematics, 2004, 166(1): 209-219.

[167] Lin Y, Xu C. Finite difference/spectral approximations for the time-fractional diffusion equation[J].Journal of Computational Physics, 2007, 225(2): 1533-1552.

[168] Wang H, Wang K X, Sircar T. A direct O(Nlog(2)N) finite difference method for fractional diffusion equations[J].Journal of Computational Physics, 2010, 229(21): 8095-8104.

[169] Qu W, Lei S L, Vong S W. Circulant and skew-circulant splitting iteration for fractional advection-diffusion equations[J]. International Journal of Computer Mathematics, 2014, 91(10): 2232-2242.

[170] Podlubny I. Fractional differential equations[M].New York: Academic Press, 1999.

[171] Chan R, Ng M. Conjugate gradient methods for Toeplitz systems[J].SIAM Review, 1996, 38(3): 427-482.

[172] Evansa D J, Caf D. A sparse preconditioner for symmetric positive definite banded circulant and toeplitz linear systems[J].International Journal of Computer Mathematics, 1994, 54(3-4): 229-238.

[173] Ng M. Iterative methods for Toeplitz systems, numerical mathematics and scientific computation[M].New York: Oxford University Press, 2004.

[174] Quarteroni A, Sacco R, Saleri F. Numerical mathematics[M]. Berlin: Springer, 2007.

[175] Chan R H, Ng M K, Wong C K. Sine transform based preconditioners for symmetric Toeplitz systems[J].Linear Algebra and its Applications, 1996, 232(1): 237-259.

[176] Chan R, Jin X. An introduction to iterative toeplitz solvers[M].Philadelphia: SIAM, 2007.

[177] Wang H, Basu T S. A fast finite difference method for two-dimensional space-fractional diffusion equations[J].SIAM Journal on Scientific Computing, 2012, 34(5): A2444-A2458.

[178] Bertaccini D. Iterative system solvers for the frequency analysis of linear mechanical systems[J].Computer Methods in Applied Mechanics and Engineering, 2000, 190(13-14): 1719-1739.

[179] Simoncini V, Perotti F. On the numerical solution of $(\lambda 2A + \lambda B + C)x = b$ and application to structural dynamics[J].SIAM Journal on Scientific Computing, 2002, 23: 767-786.

[180] Dongarra J J, Duff I S, Sorensen D C, et al. Numerical linear algebra for high-performance computers[M].Philadelphia: SIAM, 1998.

[181] Kostic V. On general principles of eigenvalue localizations via diagonal dominance[J].Advances in Computational Mathematics, 2015, 41(1): 55-75.

[182] Datta B N, Saad Y. Arnoldi methods for large Sylvester-like observer matrix equations and an associated algorithm for partial spectrum assignment[J].Linear Algebra and its Applications, 1991, 154-156: 225-244.

[183] Soodhalter K M, Szyld D B, Xue F. Krylov subspace recycling for sequences of shifted linear systems[J].Applied Numerical Mathematics, 2014, 81: 105-118.

[184] Dongarra J J, Duff I S, Sorensen D C, et al. Numerical solution of boundary value problems for ordinary differential equations[M]. Philadelphia: SIAM, 1995.

[185] Bertaccini D. A circulant preconditioner for the systems of LMF-based ODE codes[J].SIAM Journal on Scientific Computing, 2000, 22(3): 767-786.

[186] Bertaccini D. Reliable preconditioned iterative linear solvers for some numerical integrators[J].Numerical Linear Algebra with Applications, 2001, 8(2): 111-125.

[187] Hairer E, Wanner G. Solving ordinary differential equations Ⅱ. stiff and differential-algebraic problems[M].Berlin: Springer Verlag, 1991.

[188] Knoll D A, Rider W J. A multigrid preconditioned Newton-Krylov method[J].SIAM

Journal on Scientific Computing, 1999, 21(2): 691-710.

[189] Tebbens J D, Tuma M. Preconditioner updates for solving sequences of linear systems in matrix-free environment[J]. Numerical Linear Algebra with Applications, 2010, 17(6): 997-1019.

[190] Hammonda G E, Valocchib A J, Lichtnerc P C. Application of Jacobian-free Newton-Krylov with physics-based preconditioning to biogeochemical transport[J].Advances in Water Resources, 2005, 28(4): 359-376.

[191] Reisner J, Wyszogrodzki A, Mousseau V, et al. An efficient physics-based preconditioner for the fully implicit solution of small-scale thermally driven atmospheric flows[J].Journal of Com-putational Physics, 2003, 189(1): 30-44.

[192] Knoll D A, Keyes D. Jacobian-free Newton-Krylov methods: a survey of approaches and applications[J].Journal of Computational Physics, 2004, 193(2): 357-397.

[193] Benzi M, Tuma M. A sparse approximate inverse preconditioner for nonsymmetric linear systems[J].SIAM Journal on Scientific Computing, 1998, 19(3): 968-994.

[194] Benzi M, Tuma M. A comparative study of sparse approximate inverse preconditioners[J]. Applied Numerical Mathematics, 1999, 30(2-3): 305-340.

[195] Bellavia S, Morini B, Porcelli M. New updates of incomplete LU factorizations and applications to large nonlinear systems[J].Optimization Methods and Software, 2014, 29(2): 321-340.

[196] Luo W H, Huang T Z, Li L, et al. Efficient preconditioner updates for unsymmetric shifted linear systems[J].Computers and Mathematics with Applications, 2014, 67(9): 1643-1655.

[197] Bellavia S, Bertaccini D, Morini B. Nonsymmetric preconditioner updates in Newton-Krylov methods for nonlinear systems[J].SIAM Journal on Scientific Computing, 2011, 33(5): 2595-2619.

[198] Bellavia S, Simone V D, Serafino D D, et al. A preconditioning framework for sequences of diagonally modified linear systems arising in optimization[J].SIAM Journal on Numerical Analysis, 2012, 50(6): 3280-3302.

[199] Davis T A, Hu Y . The University of Florida Sparse Matrix Collection[J]. ACM Trans. Math. Software, 2011, 38(1): 1-25.

[200] Yuan J Y, Iusem A N. Preconditioned conjugate gradient method for generalized least squares problems[J].Journal of Computational and Applied Mathematics, 1996, 71(2): 287-297.

[201] Yuan J Y. Numerical methods for generalized least squares problems[J].Journal of Computational and Applied Mathematics, 1996, 66(1-2): 571-584.

[202] Zhang G F, Lu Q H. On generalized symmetric SOR method for augmented systems[J].Journal of Computational and Applied Mathematics, 2008, 219(1): 51-58.

[203] Bai Z Z, Wang Z Q. On parameterized inexact Uzawa methods for generalized saddle point problems[J].Linear Algebra and its Applications, 2008, 428(11-12): 2900-2932.

[204] Wang L, Bai Z Z. Skew-Hermitian triangular splitting iteration methods for non-Hermitian positive definite linear systems of strong skew-Hermitian parts[J].BIT Numerical Mathematics, 2004, 44(2): 363-386.

[205] Elman H C, Golub G H. Inexact and preconditioned Uzawa algorithms for saddle point problems[J].SIAM Journal on Numerical Analysis, 1994, 31(6): 1645-1661.

[206] Friedlander M P, Leyffer S. Global and finite termination of a two-Phase augmented lagrangian filter method for general quadratic programs[J].SIAM Journal on Scientific Computing, 2001, 30(4): 1706-1929.

[207] Hemandez-Ramos L M. On the solution of equality constrained quadratic programming problems arising in optimization[J]. Numerical Algorithms, 2005, 38(4): 285-303.

[208] Bai Z Z. On the monotone convergence of multisplitting method for a class of system of weakly nonlinear equations[J]. International Journal of Computer Mathematics, 1996, 60(3-4): 229-242.

[209] Iusem A N. On the convergence of iterative methods for symmetric linear complementarity problems[J].Mathematical Programming, 1993, 59(1): 33-48.

[210] Iusem A N. On the convergence of iterative methods for nonsymmetric linear complementarity problems[J].Matematica Aplicada E Computacional, 1991, 10(1): 27-41.

[211] Cvetkovic L, Hadjidimos A, Kostic V. On the choice of parameters in MAOR type splitting methods for the linear complementarity problem[J].Numerical Algorithms, 2014, 67(4): 793-806.

[212] Dong J L. Inexact multisplitting methods for linear complementarity problems[J].Journal of Computational and Applied Mathematics, 2009, 223(2): 714-724.

[213] Bai Z Z, Evans D J. Matrix multisplitting methods with applications to linear complementarity problems: Parallel synchronous and chaotic methods[J].Calculateurs Paralleles, 2001, 13(1): 125-154.

[214] Zhang L L. Two-stage multisplitting iteration methods using modulus-based matrix splitting as inner iteration for linear complementarity problems[J].Journal of Optimization Theory and Applications, 2014, 160(1): 189-203.

[215] Bai Z Z. Experimental study of the asynchronous multisplitting relaxation methods for the linear complementarity problems[J].Journal of Computational Mathematics, 2002, 20(6): 561-574.

[216] Bai Z Z, Evans D J. Matrix multisplitting methods with applications to linear complementarity problems: parallel asynchronous methods[J].International Journal of Computer Mathematics, 2002, 79(2): 205-232.

[217] Bai Z Z, Huang Y G. A class of asynchronous parallel multisplitting relaxation methods for large sparse linear complementarity problems[J].Journal of Computational Mathematics, 2003, 21(6): 773-790.

[218] Spencer P, Kersley L, Pryse S E. A new solution to the problem of ionospheric tomography using quadratic programming[J].Radio Science, 1998, 33(3): 607-616.

[219] Dong J L, Jiang M Q. A modified modulus method for symmetric positive-definite linear complementarity problems[J]. Numerical Linear Algebra with Applications, 2009, 16(2): 129-143.

[220] Zheng N, Yin J F. Accelerated modulus-based matrix splitting iteration methods for linear complementarity problem[J].Numerical Algorithms, 2013, 64(2): 245-262.

[221] Li W. A general modulus-based matrix splitting method for linear complementarity problems of H-matrices[J].Applied Mathematics Letters, 2013, 26(12): 1159-1164.

[222] Zhang L L. Two-step modulus-based matrix splitting iteration method for linear complementarity problems[J].Numerical Algorithms, 2011, 57(1): 83-99.

[223] Berman A, Plemmons R. Nonnegative matrices in the mathematical sciences[M].New York: Academic Press, 1979.

[224] Garca-Esnaola M, Penna J M. Error bounds for the linear complementarity problem with a Sigma-SDD matrix[J].Linear Algebra and its Applications, 2013, 438(3): 1339-1346.

[225] Bai Y Q, Huang T Z, Yu M M. Convergence of a eneralized USOR iterative method for augmented systems[J]. Mathematical Problems in Engineering, 2013, 17(12): 316-328.

[226] Bai Y Q, Huang T Z, Xiao Y P. Convergence of a generalized MHSS iterative method for augmented systems[J].Journal of Computational Analysis and Applications, 2014, 17(2): 316-328.

[227] Bai Y Q, Huang T Z, Gu X M. Circulant preconditioned iterative methods for fractional diffusion equations based on the Hermitian and skew-Hermitian splitting[J].Applied Mathematics Letters, 2015, 48: 14-22.

[228] Bai Y Q, Huang T Z, Luo W H. Accelerated preconditioner updates for solving shifted linear systems[J].International Journal of Computer Mathematics, 2017, 94(4): 747-756.